煤矿水文地质与水害防治探索

王立伟　刘孝刚　李电卿　著

哈尔滨出版社
HARBIN PUBLISHING HOUSE

图书在版编目（CIP）数据

煤矿水文地质与水害防治探索 / 王立伟，刘孝刚，李电卿著. -- 哈尔滨 : 哈尔滨出版社，2023.6

ISBN 978-7-5484-7331-2

Ⅰ. ①煤… Ⅱ. ①王… ②刘… ③李… Ⅲ. ①煤矿－矿山水灾－防治 Ⅳ. ① TD745

中国国家版本馆CIP数据核字（2023）第118647号

书　　名：煤矿水文地质与水害防治探索

MEIKUANG SHUIWEN DIZHI YU SHUIHAI FANGZHI TANSUO

作　　者：王立伟　刘孝刚　李电卿　著

责任编辑：张艳鑫

封面设计：张　华

出版发行：哈尔滨出版社（Harbin Publishing House）

社　　址：哈尔滨市香坊区泰山路82-9号　邮编：150090

经　　销：全国新华书店

印　　刷：廊坊市广阳区九洲印刷厂

网　　址：www.hrbcbs.com

E－mail：hrbcbs@yeah.net

编辑版权热线：（0451）87900271　87900272

开　　本：787mm×1092mm　1/16　印张：14　字数：210千字

版　　次：2023年6月第1版

印　　次：2023年6月第1次印刷

书　　号：ISBN 978-7-5484-7331-2

定　　价：76.00元

凡购本社图书发现印装错误，请与本社印制部联系调换。

服务热线：（0451）87900279

前　言

煤矿水害事故是仅次于瓦斯突出与爆炸的重大灾害事故，其造成的人员伤亡、经济损失一直居各类矿难之首，且在煤矿重、特大事故中所占比重较大。煤矿水害主要是指在煤矿建设和生产过程中，不同形式、不同水源的水体通过某种导水途径进入矿坑，如孔隙水、煤系砂岩裂隙水、灰岩岩溶裂隙水、老窖（空）水、地表水体等通过断层、陷落柱、采动裂隙和封闭不良钻孔等导水通道溃入井下，并给矿山建设与生产带来不利影响和灾害的过程及结果。

矿井水害预防、治理及预报的研究，不仅是中国，也是世界各产煤国家都迫切需要解决的重大课题。由于我国煤矿水害预防的复杂性和艰巨性，这方面的著述一直较少。笔者从水文地质学的基础理论出发，比较系统地分析了我国煤矿水害的地质环境及突水特征；论述了这一领域的新理论、新成果和新进展。这是作者多年来在该领域研究的成果，对促进我国煤矿水害防治和研究及工程技术进步能起到有益的促进作用。

由于时间仓促，本书的编写难免存在一些疏漏与谬误之处，敬请读者多多指正。

目　录

第一章　矿井水文地质工作

矿井水文地质工作是指煤矿建井至整个生产过程阶段的全部水文地质工作。基于井下生产实践，一套矿井水文地质工作方法正在逐步完善起来，如井巷调查、超前探水、疏干勘探、长期观测等。然而它们的基础仍然是地质勘探阶段的基本工作方法，采用的技术手段也大同小异。

矿井水文地质工作，一方面对勘探阶段提供的水文地质资料，通过建井、生产实践来验证，考查资料的可靠性；另一方面根据建井、生产发现的新问题，在勘探阶段的基础上，有选择性地进行水文地质补充勘探，解决矿井建设和生产过程中实际存在的水文地质问题，以便安全经济合理地回收煤炭资源。其主要任务有以下六方面。

（1）研究矿井投入生产后，水文地质条件的演变趋向，找到矿井水形成的主要影响因素，并及时处理解决。

（2）为矿井延深、井田边界扩大做必要的水文地质调查、安排适当的勘探工作量以及进行补充抽水试验及放水连通试验等。

（3）验证和预测矿井涌水量。

（4）研究和制定矿井地面及井下防治水措施并付诸实施。

（5）井上、下长期观测工作，进行水害预测预报工作。

（6）研究和解决矿区供水水源及矿井水的综合利用问题。

上述工作要求认真、果断，讲究实效。因此，平时要深入细致地收集资料，一旦出现问题就应及时处理。为此，建立水文地质工作的有关制度，以保证掌握水情动态，对井下一些可疑现象要及时观测、正确分析、果断处理、消除隐患。

矿井水文地质类型不同，矿井工作也有所区别。一般水文地质条件简单的矿井，矿井水文地质工作的任务是将勘探阶段的资料进行分析、研究和验证，在长期的实际资料收集、汇总中积累与矿井水作斗争的经验。只要掌握矿井水的补给来源、强径流地段以及地下水动态规律，提出切实可行的防治水措施和方法，大体上即可取得工作上的主动权。对于矿井水文地质条件复杂的，一般要分为地面工作和井下工作两部分。

矿井水文地质工作的内容很多，视具体条件和要求而不同。现介绍一般的矿井水文地质工作。

第一节　勘探阶段水文地质资料的应用

在一个矿井设计、建井和投产之前，必须进行一系列的地质勘探工作，提供一整套必要的地质资料，其中水文地质资料，一般应阐明如下几方面问题。

（1）勘探区内主要含水层的分布范围、埋藏条件、含水层的一般特征及补给和排泄条件、含水层之间的水力联系，以及勘探区内井、泉调查资料和地表水体的分布情况。

（2）井田范围内含水层岩性、埋藏深度、厚度及其变化规律、裂隙及溶洞的发育程度，以及含水层的水量、水位、水质和地下水动态资料。

（3）矿区（井）有关地表水体的受水面积、最大洪水量和最高洪水位，以及洪水淹没矿区范围和持续时间。

（4）地表水体（主要河流、沟渠、湖泊、水库等）对含水层及采空塌陷区、古空区的补给范围和渗漏量。

（5）主要含水层对矿井的影响程度。

（6）不同成因类型的断裂构造分布规律，及其在地表水和地下水以及各含水层之间发生水力联系上所起的作用，确定最可能的导水和含水地段。

（7）穿过含水层、老空区和含水断层的钻孔封闭情况。

（8）预计矿井涌水量及其随季节、开采范围及深度的变化关系。

（9）邻近矿井的开发情况，矿井涌水量、水质、水温，矿井充水条件，地下水出露情况，矿井突水现象及原因，涌水量与开采面积、深度、产量、降水量的关系等。

矿井水文地质的首要工作就是收集和整理上述资料，并对其进行分析、对比、验证，从而在此基础上去伪存真，对即将建设的矿井或采区的涌水条件做出明确的结论，指出矿井涌水的水源、通路和水量，提出今后防治水的措施和方法，并对供水水源做出评价。

但是勘探阶段所获得的水文地质资料，常常由于该阶段所做工作的局限性，与实际情况有较大的出入，不能完全满足上述要求。在这种情况下，一般需要在矿区（井）建设和生产的同时，进行补充水文地质调查及勘探。有时，由于经济建设的迫切需要，部分矿井在缺乏资料的情况下，就开始设计和建设，补充水文地质调查及勘探的工作就显得更加必要。

第二节 矿区（井）水文地质补充调查

当矿区（井）现有水文地质资料不能满足生产建设的需要时，应针对存在的问题进行单项、多项或全面的水文地质补充调查工作。

水文地质条件复杂的大水矿井，虽然在勘探阶段进行了大量的水文地质工作，但水害的威胁依然存在。因此，在对以往资料系统地分析、核对、验证的基础上，必须进一步弄清采掘后水文地质条件的变化趋势，以使矿井防排水措施正确、经济、合理、可靠。根据需要与可能，进行适当的水文地质补充调查这一工作可连续完成，也可断续完成，由实际需要来确定。主要调查内容有以下几方面。

一、主要气象要素的调查

表征一个矿区的气候特征，主要是以下六个气象要素：气温、气压、风速、气温、降雨（水）和蒸发。气象资料搜集一般包括降水量、蒸发量、气温、气压、相对湿度、风向、风速及其历年月平均值和两极值。降雨（水）和蒸发直接影响地下水水量的增减变化，其他要素可视为形成与制约降雨（水）和蒸发的因素。其中对矿井防治水和防洪工作特别有意义的是降雨。

1. 雨量资料

历年各月降雨（水）量、历年雨季各月逐日降雨量、历年各月一日最大降雨（水）量、历年雨季日降雨量 50、100、150、200mm 的降雨日数，以及本地区最大的暴雨现场调查等。

2. 暴雨调查

历史上发生大洪水的水位是设计井口高程必备的资料。相应的暴雨，时隔已久，难以调查到确切的雨量。一般可以用已知的近期某次暴雨与历史大洪水的降雨相比，大多少？少多少？降雨时间延续多久？回忆雨势中地面坑塘的积水情况和沟渠的流水情况，从中分析雨量及降雨过程。同时索搜群众的观测成果，了解群众院内的水桶、水缸或其他器皿接雨水的程度，估算暴雨量。

二、地貌调查

应着重调查由开采和地下水活动而引起的滑坡、塌陷、人工湖等地貌变化和岩溶发育的矿区的各种岩溶地貌形态。

三、地质调查

（1）第四纪松散覆盖层、基岩露头。应基本查明其时代、岩性、厚度、富水性及地下水的出露等，并划分出含水层或相对隔水层。

对第四纪地层研究的内容主要是：定出土石的名称（如砾石、砂、亚砂土、亚黏土和黏土等），描述颜色、组织结构，确定其成因和时代，并在图上画出第四纪地质界线（时代、成因及岩性的界线）；对基岩含水层根据地层岩性、地质时代，岩石的孔隙性，以及泉、井等地下水的露头情况，确定基岩地层的富水性，划分出含水层和隔水层（相对隔水层）。

（2）地质构造应基本查明其形态、产状、性质、规模、破碎带（范围、充填物、胶结程度、导水性）及有无泉水出露等。在裂隙发育带要选择有代表性的地段，进行裂隙统计。褶皱构造要查明形态、位置、规模、沿走向的变化规律和倾伏情况。

四、地表水体调查

应调查与搜集矿区河流、渠道、湖泊、积水区、山塘、水库的历年水位、流量、积水量、最大洪水淹没范围、含砂量、水质和地表水体与下伏含水层的关系等。

如果地表水常年补给矿井，应设观测站，取得具体数据。一些矿区，河流改道就是在这种条件下提出来的。当矿区地表水体附近有塌陷坑时，地表水有可能涌入井下，此时更应对河流做详细的研究。

五、井泉调查

在原有资料的基础上，调查矿井排水形成的补给半径范围内外泉、井的水位、流量的年变化幅度以及它们断流、干涸情况。具体讲应调查井泉的位置、标高、深度、出水层位、涌水量、水位、水质、水温、有无气体溢出、流出类型及其补给水源，并描述泉水出露的地形地质平面图、剖面图。

由于矿井排水的影响，地下水天然流场破坏，矿区地下水位逐年下降，补给半径逐年扩大。这些变化因矿井的水文地质条件不同，情况亦不一样。对于地下开采的矿井，有的矿井在近地表第四纪松散岩层中有稳定而厚层的黏土分布，在一定的阶段内保持了地下水的天然状态。潜水含水层由于受矿井排水影响小些，潜水比较丰富。有些矿井则是另外的情况，如灰岩裸露、岩溶发育、煤层上覆岩层水力联系好的煤矿，在矿井排水影响下，上覆岩层含水层中的水被疏干。如某矿在长期排水影响下，使距离矿井 10000m，原流量为 396m^3/h 的泉断流，使距离矿井 20000m 的几个泉流量也减少。再如某矿原预测排水补给半径不到 40000m，之后使相距 8000m 的泉水相继断流。这都说明随着矿井开发，改变了矿区地下水的运动规律，使天然条件下地下水的排泄点变为矿井水的补给区。由采掘而引起的地下水演变，必须通过井上、下动态长期观测资料加以阐明。

六、古井老窑的调查

古井老窑由于年代已久，缺乏可靠的资料，积水范围往往难以确定。古井老窑的存在常常会给矿井的建设和生产带来很多困难，甚至会造成矿井突水事故。为了保证矿井建设和生产的安全，做好对古井老窑积水的防范工作，就必须首先把古井丰富的分布情况和积水特点了解清楚。

1. 古井老窑老空积水的特点

（1）由于采掘条件的限制，古代小窑只能开采浅部煤层，因此古井老窑多分布于煤层标高较高的地方。

（2）由于排水能力的限制，古代小窑开采顶、底板为含水层的煤层时，古井老窑多数在含水层的水位标高以上。

（3）古井老窑的积水量取决于小窑的标高，开采范围，顶、底板岩性，地质构造情况及老窑与其他水源的关系等。小者可能无水，大者水量可达数万、数十万、数百万立方米。

（4）古井老窑积水一般补给来源少，水量以静储量为主。

（5）古井老窑积水由于长期处于停滞状态，一般呈黄褐色，具有铁锈味、臭鸡蛋味或涩味，酸性较大。

（6）老空内经常积存有大量 CO_2、CH_4 和 H_2S 等有害气体，突水时会随水溢出。

（7）由于古井老窑多分布在井田的浅部及周围，其积水具有一定的静水压力。在采掘过程中，当工作面接近老空时由于静水压力的作用，在一定条件下往往会突然涌进巷道，造成事故。

2. 古井老窑的调查内容

应调查古井老窑的位置及开采、充水、排水、停采原因等情况，察看地面塌陷地形，圈出采空区，并估算积水量。具体内容包括以下四方面：

（1）古井老窑位置及开采概况：如井深及井上下标高、井筒直径、开采煤层层数及名称、各煤层的开采范围和巷道布置情况，产量，采煤方法和顶板管理方法，通风、运输、提升、排水情况，巷道规格以及停采原因等。

（2）地质情况：如煤层（及各分层）厚度及其变化、层间距、产状及其变化、顶底板岩性及厚度、煤层的物理机械性质、断层的产状、落差及其变化、地质储量及残留煤柱的大小、与相邻小窑采空的关系。

（3）水文地质情况：如出水原因、来源和水量大小、水头高度、相邻小窑间及小窑与地表水或泉井的水力联系。

（4）古井老窑造成的地表塌陷深度、裂缝的分布情况、塌陷的范围大小等。

通过上述调查，弄清古井老窑开采的是哪一层煤，开采范围有多大，以及积水量、水头压力和相互关系，作为确定老空边界和布置防治老空积水工程的依据。

古井老窑调查方法，可采用走出去请进来的方法，或登门拜访，或邀请熟悉情况的人员开座谈会。最好是根据上述内容拟定提纲，邀请老工人及熟悉小窑情况的人员到现场进行调查，并根据地面的遗迹确定古井老窑位置。调查情况应进行详细记录和初步测绘草图。而后将收集到的资料加以分析整理，制成适当比例尺（1 ∶ 1000，1 ∶ 2000 或 1 ∶ 5000）的平面图和剖面图。此外，还可以采用电测剖面结合钻探的手段进行探查。

七、小煤矿调查

应调查小煤矿的位置、范围、开采煤层、地质构造、采煤方法、采出煤量、隔离煤柱、与大矿的空间关系，并搜集系统完整的采掘工程平面图及有关资料。对已报废小井的图纸资料必须存档备查。

对于生产小煤矿，还应调查其生产安排、排水能力、井巷出水层位、水量、水质、涌水量、充水因素、与大矿之间的水害关系。

八、地面岩溶调查

应调查岩溶发育的形态、分布范围。对地下水运动有明显影响的进水口、出水口和通道，应进行详细调查，必要时可进行连通试验和暗河测绘工作。要分析岩溶发育规律、地下水径流方向，圈定补给区，测定补给区内的渗漏情况，估算地下径流量。有岩溶塌陷的区域，还应进行岩溶塌陷的测绘工作。

第三节 矿区（井）水文地质补充勘探

矿井建设生产阶段所进行的水文地质勘探，一般视为煤炭资源勘探阶段水文地质工作（以下简称煤田水文地质勘探）的继续与深入，是在资源勘探中水文地质勘探基础上进行的。由于煤炭资源勘探受勘探网度、设备、资金、施工条件等多方面因素的制约，不可能解决矿井建设和生产中的全部水文地质问题，因此为了经济合理地回收煤炭资源，有效地与矿井水害作斗争，保证矿井安全生产，必须进行矿井建设和生产阶段的水文地质补充勘探。简单地说：水文地质补充勘探是在矿山基建过程中或已经投产的情况下，为了解决某一项或若干项水文地质问题而进行的专门性水文地质勘探。煤田水文地质勘探的基本任务是为煤炭工业的规划布局、煤矿建设和正常安全生产提供水文地质依据，并为水文地质研究积累资料。它一般应分阶段循序进行。矿井水文地质补勘为矿井建设、采掘、开拓延深、改扩建提供所需的水文地质资料，并为矿井防治水工作提供水文地质依据，它是在煤田水文地质勘探的基础上进行的。

一、矿井水文地质补充勘探的范围和要求

凡属下列情况之一者，必须进行矿井水文地质补充勘探。

（1）原勘探工程量不足，水文地质条件尚未查清。

（2）经采掘揭露，水文地质条件比原勘探报告复杂。

（3）矿井开拓延深，开采新煤系（组）或扩大井田范围设计需要。

（4）专门防治水工程提出特殊要求。

（5）各种井巷工程穿越富含水层时，施工需要。

（6）补充供水需寻找新水源。

二、水文地质补充勘探的任务

水文地质补充勘探是在水文地质勘探的基础上，进一步查明矿区（井）水文地质条件的重要手段，因为矿山水文地质勘探程度不同，需要解决的专门性问题不同，水文地质补充勘探的目的、任务也不同。其任务主要是通过水文地质钻探、物探、化探和水文地质试验（主要是抽水试验、注水试验和连通试验）解决如下几个方面问题。

（1）查明矿区延深水平或矿区范围扩大地段的水文地质条件。

（2）查明新采区接近地表水体或含水松散岩层的充水性。

（3）查明新采区接近断层、破碎带的富水性和导水性。

（4）为取得深部含水层参数需进行矿井放水试验。

（5）查明水体下开采时矿坑充水或溃砂的可能性。

（6）查明断层和地表水体或强含水层之间的水力联系。

（7）增加供水量，扩大或寻找新水源地。

（8）布置地下水动态观测网。

（9）为注浆选择帷幕位置，为堵截地下水源查清充水通道和集中径流地段。

（10）为查明隔水层位置和分布规律，确保带水压采矿的安全。

三、水文地质补充勘探工程的布置原则

（1）矿井水文地质勘探工作应结合矿区的具体水文地质条件，针对矿井主要水文地质问题及其水害类型，做到有的放矢。从区域着眼，立足矿区，把矿区水文地质条件和区域水文地质条件有机地结合起来进行统一、系统的勘探研究，确保区域控制、矿区查明。牢记地下水具有系统性和动态性的特点，贯彻动态勘探、动态监测和动态

分析的矿井水文地质勘探理念。

（2）在水文地质条件勘探方法的选择上，应坚持重点突出、综合配套的原则。在勘探工程的布置上，应立足于井上下相结合，采区和工作面应以井下勘探为主，配合适量的地面勘探。对区域地下水系统，应以地面勘探为主，配合适量的井下勘探。

（3）无论是地面勘探或是井下勘探，都应把勘探工程的短期试验研究和长期动态监测研究有机地结合起来，达到勘探工程的整体空间控制和长期时间序列控制。应重视水文地质测绘和井上下简易水文地质观测与编录等基础工作，应把矿井地质工作与水文地质工作有效地结合起来。

（4）地球物理勘探应着重于对地下水系统和构造的宏观研究，钻探应对重点区域进行定量分析并为专门水文地质试验和防治水工程设计提供条件和基础信息，专门水文地质试验（包括抽放水试验、化学检测与示踪试验、岩石力学性质试验、突水因素监测试验及其相关的计算分析）是定量研究和分析矿井水文地质条件的重要方法。

（5）水文地质勘探工程的布置，应尽量构成对勘探区地质与水文地质有效控制的剖面，既控制地下水天然流场的补给、径流、排泄条件，又要控制开采后地下水系统与流场可能发生的变化，特别是导水通道的形成与演化。

（6）进行抽放水试验时，主要放水孔宜布置在主要充水含水层的富水段或强径流带。必须有足够的观测孔（点），观测孔点布置必须建立在系统整理、研究各勘探资料的基础上，根据试验目的、水文地质分区情况、矿井涌水量计算方案等要求确定。应尽可能利用地质勘探钻孔或人工露头作为观测孔（点）。

四、常用勘探方法

（一）物探

地球物理勘探技术经过多年的发展，其在地质、水文地质探查中的地位和作用越来越明显，越来越重要。加上其方便、快捷的优势，近几年在煤矿防治水领域得到了极大推广和应用，常用的效果比较好的方法有：①地震勘探，包括二维和三维地震勘探；②瞬变电磁（TEM）探测技术；③高密度高分辨率电阻率法探测技术；④直流电法探测技术；⑤音频电穿透探测技术；⑥瑞利波探测；⑦钻孔雷达探测技术；⑧坑透；⑨地震槽波探测技术。

（二）水文地质钻探

水文地质钻孔的类型：有地质及水文地质结合孔、抽水试验孔、水文地质观测孔、探采结合孔、探放水孔。

（三）钻孔抽水试验

抽水试验可以获得含水层的水文地质参数，评价含水层的富水性，确定影响半径和了解地表水与地下水以及不同含水层之间的水力联系。这些资料是查明水文地质条件和参数、评价地下水资源、预测矿坑涌水量和确定疏干排水方案的重要依据。

水文地质试验类型按抽水孔与观测孔的数量可分为单孔抽水试验、多孔抽水试验和群孔抽水试验。按试段含水层的多少可分为分层抽水试验、分段抽水试验和混合抽水试验。

（四）钻孔压水试验

矿山生产中压水试验的主要目的在于测定矿层顶底板岩层及构造、破碎带的透水性及变化，为矿山注浆堵水、帐幕截流及划分含水层与隔水层提供依据。

按止水塞堵塞钻孔的情况分为分段压水和综合压水两类。

（1）分段压水：自上而下分段压水，随着钻孔的钻进分段进行；钻孔结束后自下而上分段止水后进行。

（2）综合压水：在钻孔中进行统一压水，试验结果为全孔综合值。

（五）坑道疏干放水试验

（1）水文地质勘探：已进行过水文地质勘探的矿床，在基建过程中发现新的问题，需要进行补充勘探。此时，水泵房已建成，可以把工程布置在坑内，以坑道放水试验代替地面水文地质勘探，计算矿坑涌水量。

（2）生产疏干：以矿床地下水疏干为主要防治水方法，矿床水文地质条件比较复杂时，在疏干工程正式投产前，选择先期开采地段或具有代表性的地段，进行放水试验，了解疏干时间、疏干效果，核实矿坑涌水量。

（六）连通试验

1. 连通试验的目的

（1）查明断层带的隔水性。

（2）查明断层带的导水性，证实断层两盘含水层有无水力联系，证实断层同一盘的不同含水层之间有无水力联系。

（3）查明地表可疑的泉、井、地表水体、地面潜蚀带等同地下水或矿坑出水点有无水力联系。

（4）查明河床中的明流转暗流的去向及其与矿坑出水点有无水力联系。

（5）检查注浆堵水效果并研究岩溶地下水系的下述问题：①补给范围、补给速度、补给量与相邻地下水系的关系；②径流特征，实测地下水流速、流向、流量；③与地下水的转化、补给等关系；④配合抽水试验等，确定水文地质参数，为合理布置供水井提供设计根据；⑤查明渗漏途径、渗漏量及洞穴规模、延伸方向以及为截流成库、排洪引水等工程提供依据。

2. 试验段（点）的选择原则

（1）断层两侧含水层对接相距最近的部位。

（2）根据水文地质调查或勘探资料分析，认为有连通性的地段（点）。

（3）针对专门的需要进行水力连通试验的地段（点）。

第四节 矿井水文地质动态观测

在矿井水文地质工作中，水文地质调查与观测是经常性的，是十分重要的长期工作，是矿井水文地质工作的主要项目，是长期提供水文地质资料的重要手段。通过水文地质调查与观测所获得的资料，有助于解决如下几方面的问题：

（1）地下水的动态与大气降水的关系。

（2）各充水含水层之间的水力联系以及它们与地表水体之间的关系。

（3）各含水层与矿井涌水的关系，分析矿井涌水水源。

（4）分析断层的导水性及其随采掘的变化。

（5）研究含水层的富水性，以便对各含水层疏干的可能性作出评价。

（6）研究矿井涌水量与开采面积、深度、巷道掘进长度（包括走向方向与倾斜方向）的关系，预计矿井涌水量。

（7）为防治矿井水提供依据，指导采掘工作正常进行。

（8）对矿井水文地质条件做综合性的评价。

矿井水文地质条件，不仅受自然因素的影响，同时也受采矿活动的影响。在矿井建设和生产过程中，为了及时掌握地下水的动态，保证工作安全，就必须经常了解水文地质条件的变化情况。因此，矿井水文地质调查与观测是矿井水文地质工作必不可少的项目。

矿区（井）建设和生产过程中的水文地质调查与观测工作，一般包括两部分内容：地面水文地质观测和井下水文地质观测。

一、地面水文地质观测

地面水文地质观测包括：气象观测、地表水观测、地下水动态观测及采矿后形成的冒落带和导水裂隙带高度的观测等四个方面。

（一）气象观测

凡距离气象台（站）大于 30km 的矿区（井），应设立气象观测站，站址的选择应符合气象台（站）的要求。距气象台（站）小于 30km 的矿区（井），可只建立雨量观测站。

气象观测资料应整理成气象要素变化图（图 1-1），以说明矿区（井）范围内气象要素变化情况。此外，还应当把气象要素变化同矿井建设和生产的实践结合起来分析研究，如编制降水量、蒸发度与矿井涌水量、地下水位变化相关曲线图，以帮助分析矿井涌水条件。

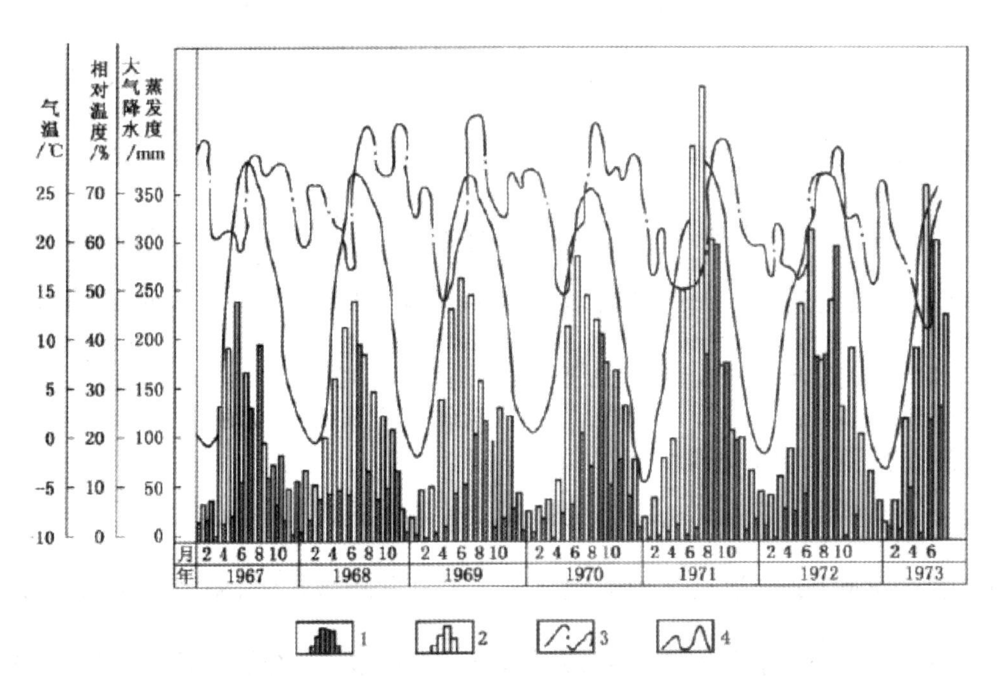

1—降水量；2—蒸发度；3—相对湿度；4—气温

图 1-1　气象要素变化图

（二）地表水观测

地表水主要是指河流、溪流、大水沟、湖泊、水库、大塌陷坑积水区等。对分布于矿区（井）范围内的地表水体，都应该对其进行定期观测。

对于通过矿区（井）的河流、溪流、大水沟一般在其出入矿区（井）或采区、含水层露头区、地表塌陷区及支流汇入的上下端设立观测站，定期地测定其流量（雨季最大流量）、水位（雨季最高洪水位），通过矿区（井）、地表塌陷区、含水层露头及构造断裂带等地段的流失量，河流泛滥时洪水淹没区的范围和时间。其中水位和流量是江河湖库水文现象的两个基本因素。观测水位的目的主要有两个：一个是为矿区（井）防洪排水、工程设计提供基础资料；二是作为推算流量和指挥防汛抢险救灾做好水文预报的依据。

对分布在矿区（井）范围内的湖泊、水库、大塌陷坑积水区，也必须设立观测站，进行定期观测。观测的内容主要是积水范围、水深、水量及水位标高等。

上述观测内容，在正常情况下，一般每月观测一次，但如果采掘工作面接近或通过地表水体之下，或者通过与地表水有可能发生水力联系的断裂构造带时，观测次数则应根据具体情况适当增加。此外雨季或暴雨后根据需要也要增加观测次数。

通过上述观测所获得的资料，应整理成曲线图（如图 1-2），以便研究其流量（水量）、水位的变化规律，找出其变化原因，并预测地表水对矿井涌水的影响。此外，还应将河水漏失地段、洪水淹没范围等标在相应的图纸上。

（三）地下水动态观测

地下水动态观测是研究地下水动态的重要手段。在矿区进行地下水位（压）动态观测，是为了更好地掌握地下水的动态特征，从而判断其与大气降水、地表水体之间以及各含水层之间的水力联系；判断突水水源、预测水害；分析地下水的疏干状况以及同矿井开采面积、深度的关系等，为防治水害和利用地下水资源服务。

1. 具体事例

（1）利用水位观测预报井下透水事故的发生

如河北开滦唐山矿，其含煤地层被百余米厚的冲积层覆盖。在冲积层下部分布着较厚的卵石层，含水极为丰富（图 1-3）。为了开采冲积层下面的急倾斜煤层，避免冲积层中的地下水突然涌入矿井而造成事故，于是在采煤工作面上方打了观测孔，由专人观测地下水位的变化。一天，发现观测孔内水位突然下降了 1m，这是井下突水的明显预兆，随后采取了紧急措施，将回采工作面的人员立即撤出，次日果然有大量地下水携带泥砂涌入井下。通过钻孔对潜水位的观测，准确预报了井下透水事故的发生，对于保证职工人身安全起了重要作用。

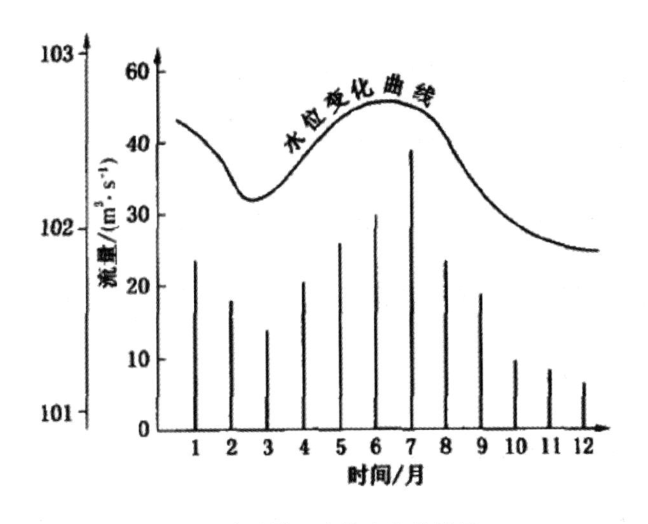

图 1-2　河水流量、水位变化曲线图

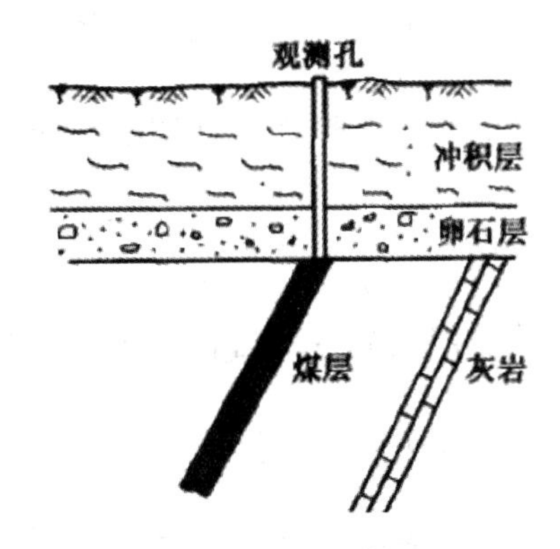

图 1-3　唐山矿水位观测孔示意图

（2）利用水位观测了解突水水源

如淄博某矿，在开采“10 行头炭”这一煤层时，回采工作面底板突然透水（图 1-4）。涌水量达 300m³/h，有部分巷道被淹没。突水后，则发现打在徐家庄灰岩中的 CK_1 钻孔水位明显下降，而打在奥陶系石灰岩的 CK_2 观测孔，水位没有变化。因此说明这次底板突水的水源主要是徐家庄灰岩水，而与“奥灰”水并无直接关系。

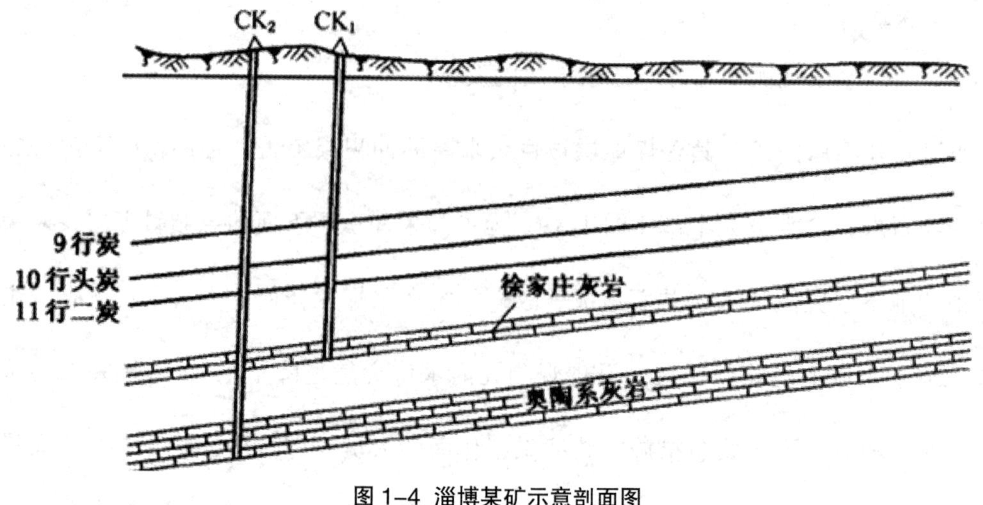

图 1-4 淄博某矿示意剖面图

（3）利用水位观测检查断层的导水性

如焦作某矿，在巷道掘进时发现许多小断裂带，在断裂带附近都有涌水现象出现，有些小断层被巷道揭露后涌水仍然较多，如果巷道继续掘进，前方将遇到一落差为23m的较大断层。为使巷道能安全通过，需查明该断层的导水性，于是在断层两盘分别布置了观测孔，观测断层两盘同一含水层的水位变化（图 1-5）。经过对两个钻孔水位的观测，发现水位差别很大，说明断层两盘没有直接的水力联系，不会导水。于是巷道继续掘进，当巷道穿越此断层时果然无水。

（4）利用水位观测了解地下水和地表水的补给关系

如西南某矿，在掘进底板（茅口灰岩）运输大巷时，发生了突水事故，最大涌水量达 8000m^3/h。最初有人推测水源是来自附近的河流水，为了证实这一推断，于是在河流的岸边打了 CK_1、CK_2 两个钻孔（图 1-6）。经过对两个钻孔中水位的观测，发现 CK_1 中水位高于河流水面，CK_2 中水位又高于 CK_1。因为地下水是由水位高处向低处流动的，所以此处为地下水补给河流水，井下突水与河水无关。后经详细调查，终于查明这次突水主要是因为巷道遇到了地下暗流，从而为今后制定防水措施提供了依据。

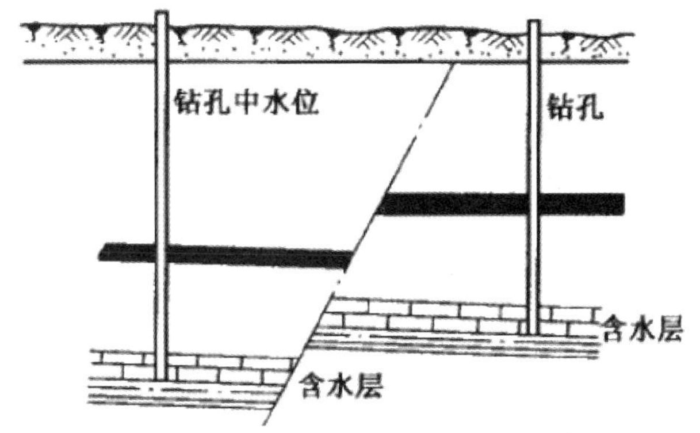

图 1–5 焦作某矿示意剖面图

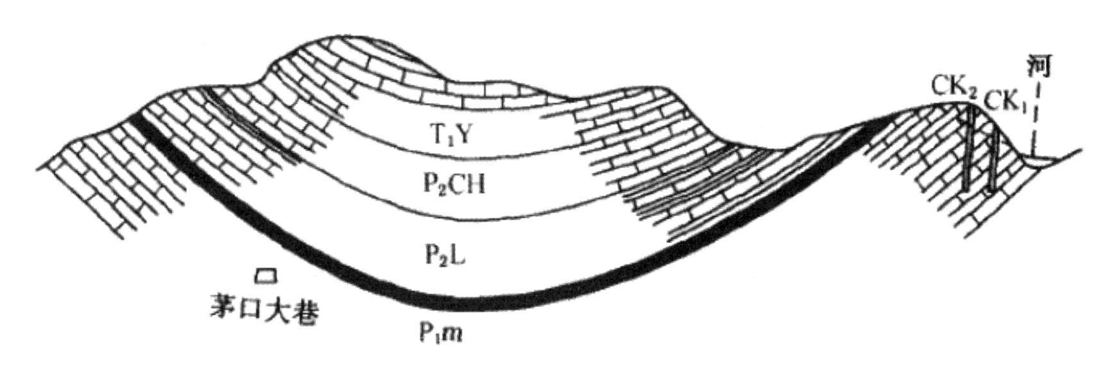

图 1–6 西南某矿示意剖面图

2. 观测方法

在矿区（井）建设和生产过程中，应该选择一些具有代表性的泉、井、钻孔、被淹矿井以及勘探巷道等作为观测点，进行地下水的动态观测。如果已有的观测点不能满足观测要求时，则需根据矿区（井）的水文地质特征和建设及生产要求，增加新的观测点，与已有的观测点组成观测系统（如观测线或观测网）。

（1）观测点的布置

观测点的布置，除根据矿区（井）的水文地质特征、地质构造、地表水的分布等情况外，还应该根据矿井建设和生产的分布情况及要求来确定。一般应考虑布置在以下的地段：

①对矿井生产建设有影响的主要含水层；

②影响矿井充水的地下水集中径流带（构造破碎带）；

③可能与地表水有水力联系的含水层；

④矿井先期开采的地段；

⑤在开采过程中水文地质条件可能发生变化的地段；

⑥人为因素对矿井充水有影响的地段；

⑦井下主要突水点附近或具有突水威胁的地段；

⑧疏干边界或隔水边界处。

例如华东某矿东翼的先期试验采区，为了了解井下开采所引起的水文地质条件变化以及泥灰岩、流砂层水对井下开采的影响程度，并为未来整个东翼的开发确定合理、安全的回采上限标高，在试采区的上方地表布置了21个观测孔。

此外，观测孔要尽可能做到一孔多用，井上与井下、矿区与矿区、矿井与矿井之间密切配合，先急后缓、短期使用与长期使用相结合。同时，观测孔的布置应尽量少占或不占农田，以免影响农业生产。

观测网布孔设点前，必须有专门的详细的设计。在设计中对每一个观测孔都应该提出明确的目的和要求。如观测项目、观测层位、钻孔深度、钻孔结构、施工要求、止水方法、止水深度以及孔口装置等。在施工过程中，设计人员必须经常亲临并深入现场，与施工人员紧密配合，发现问题及时研究处理。

（2）观测要求

1）根据矿区（井）水文地质特征和要求，对观测线或观测网上的每一个观测点进行观测时，观测项目视具体情况而定。如对泉水观测，一般只要求观测其流量、水温、水质；对于井及钻孔等的观测，除在特殊情况下，要进行水文地质试验测定其流量外，一般也只要求观测其水位、水温及水质。

2）观测点要统一编号，测定其坐标和标高，设置固定标高的观测标志。这个标志不能损坏和移动，并须每年复测标高一次，如有变动，应及时补测。

3）观测时间间隔：上述观测工作，在开采前一个水文年即应进行，在采掘过程中亦必须坚持观测。在未掌握地下水的动态规律以前，一般每5~7d观测一次，随后每月观测1~3次。在雨季或其他特殊情况下（如矿井发生突水等），则要根据具体情况，适当增加观测次数。掌握规律后，观测的时间间隔可适当延长。

4）观测流量或水位时，同时观测水温。在观测水温时，温度计沉入水中的时间一般不应少于10min。

5）为了减少误差，每次水位观测至少有两个读数，其误差不能超过2cm，其差值不得大于2cm；水温误差不超过0.2℃，如果发现有异常现象，要立即分析，必要时重测。

6）观测工作一般要求同步进行，最好能固定人员，并且每次尽可能按固定时间和顺序在最短的时间内观测完毕，并用同一测量工具。测量工具必须在观测前进行检查校正。

随着科技的发展，近年来对钻孔水位（压）的观测采用了自动遥控水位实时监测系统代替人工观测，可随时读取观测数据，大大提高了观测精度，方便管理，节省人力。

7）观测钻孔，一般每半年到一年检查一次孔深，如果发现有淤塞现象，应及时加以处理。

3. 观测资料的整理

进行地下水动态观测的目的在于通过日常观测，了解一个矿区（井）水文地质条件随时间的延续所发生的变化规律。为此，对地下水的观测资料，应及时进行整理和分析。对每一个观测点的资料，应编制成水位变化曲线图、流量变化曲线图等（图1-7、图1-8），以便掌握该点地下水的动态。对整个观测系统的资料，应定期整理，编制成综合图件，如等水位线图（等水压线图）、水化学剖面图等，以掌握整个矿区（井）范围内某一个时期的水文地质条件变化情况，以便分析矿井的涌水条件及其变化。

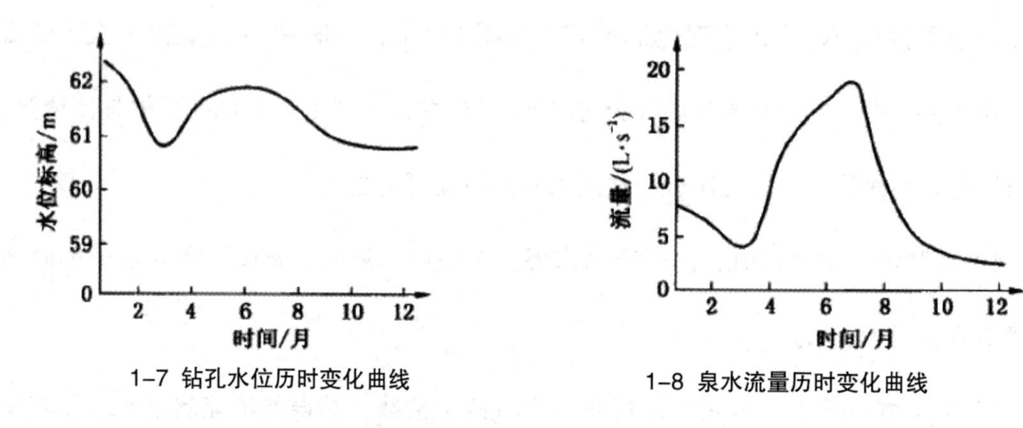

1-7 钻孔水位历时变化曲线　　1-8 泉水流量历时变化曲线

例如华东某矿东翼先期试验采区，1972 年 8 月（回采前）各观测点在同一时间测得流沙层水位。过了 8 个月之后，试采区第一阶段回采完毕，地表下沉，地面出现了塌陷坑，采区涌水量由采前的 $3m^3/h$ 增加到 $28.5m^3/h$。于 1973 年 4 月，又同时观测了流沙层各观测孔的水位，做出等水位线图（图 1-7 中的实线）。

通过上述对同一地段内同一含水层不同时期所做的等水位线图的对比，发现流沙层水的流动方向在局部地段发生了变化，而该地段又正是由于井下开采，地表出现塌陷的地段。由此可知，流沙层水通过塌陷区下部的导水裂隙向井下渗漏。所以利用这种图件，可帮助分析矿井涌水水源，同时还可以进行流沙层水渗漏量的大致计算（采用辐射水流法计算）。

（四）冒落带、导水裂隙带高度的观测

主要是观测煤层采空后，其上覆岩层失去支撑而发生变形、移动以至冒落、开裂，所形成的冒落带和导水裂隙带的高度。

煤层开采后，采空区顶板岩层失去支撑，发生变形、移动而后冒落，充填采空区。在冒落带上方岩层中发育大量导水裂隙，其发育高度对矿井涌水量的影响极大，如果导水裂隙带将各含水层贯通，地下水将源源不断流入矿井。当导水裂隙带发育高

度达到地表，沟通地表水体时，将地表水引入矿井，成为矿井充水水源，因此对冒落带、导水裂隙带观测非常必要。通常在地面利用钻孔钻进过程中观测岩芯破碎程度及冲洗液消耗量确定冒落带及导水裂隙带的高度。当钻进到导水裂隙带时，岩芯破碎，冲洗液大量消耗。当钻进到冒落带时，岩芯非常破碎，冲洗液完全消耗，水位消失。

观测孔具体布设方法：

（1）开采缓倾斜煤层时，在采区或一个回采工作面的上部地表，沿煤层走向、倾向各布置一条观测线，每条观测线上都布置三个观测钻孔，以了解钻孔下方煤层采空后，不同时间岩层冒落带与裂隙带的高度。观测孔的施工时间，应安排在回采后2~3个月内进行。如果煤层顶板比较坚硬，采区或工作面上部的冒落带、裂隙带的高度，要比工作面中部和下部高，因此可省略沿倾斜方向的钻孔，只布置一条沿煤层走向的观测线。

（2）开采急倾斜煤层的地区，观测孔一般只需布置在采区或采面中部一个沿倾斜的剖面上，由3~5个钻孔组成，由于影响急倾斜煤层围岩的因素较多，也可在观测线两侧各补一个钻孔，以便了解和控制顶板岩层的破坏形态，求出铅直方向的岩层导水裂隙高度，在煤层内的1、4、5号钻孔，用以观测煤层可能出现的滑落高度，从而预测煤层滑落是否破坏地表水体。

目前部分矿区采用的是在井下工作面周边向采空区上方的导水裂隙带内施工仰斜钻孔，分段注水观测采后三带发育高度。采用一种称为“双端封堵测漏装置”的观测系统，该观测系统由孔内双端堵水器、连接管路和孔外控制台三部分构成，孔外控制台主要包括流量装置、压力表和相应的阀门，用以控制封孔压力和注水压力及测量注水量大小；孔外控制台与孔内双端堵水器之间通过耐压管路连接。

与传统的地面打钻孔采用钻孔冲洗液消耗量观测法相比，该方法工程量小、成本低、精度高、简单易行。

二、井下水文地质观测

井下水文地质观测工作是随着矿井开拓和采掘工作同时进行的，观测内容如下。

（一）矿井巷道充水性观测

1. 含水层观测

当巷道通过含水层时，应详细地记述其厚度、岩性、裂隙或岩溶发育情况、揭露点的标高、涌水量、水压及水温等。必要时，取水样进行水质化验。

2. 岩层裂隙发育调查及观测

对巷道穿过的含水层应进行裂隙发育情况调查，记述裂隙的产状要素、长度及宽度、成因类型、张开的或是闭合的、充填的程度及充填物的成分、地下水活动痕迹及裂隙的消失情况等，并选择有代表性的地段测量其裂隙率。

3. 断裂构造观测

断裂构造往往是地下水活动的主要通道。因此，当巷道揭露断层时，首先应确定断层的性质，同时测量断层的产状要素、落差、断层带的宽度、充填物质及其透水情况等，并一一做出详细的记录。

4. 出水点观测

随着矿井巷道掘进或回采工作面的推进，如果发现有出水现象，水文地质工作人员应及时到现场进行观测。观测的内容包括出水时间、地点、出水层位、岩性、厚度、出水形式、水量、水压、标高、出水点围岩及巷道的破坏变形情况等，找出出水原因，分析水源。有必要时应取水样进行化学分析。

5. 出水征兆的观测

随着井下巷道的开拓和回采工作面的推进，水文地质工作人员要经常深入现场，观测巷道工作面是否潮湿、滴水、淋水以及顶、底板和支柱的变形情况，如底鼓、顶板陷落、片帮、支柱折断、围岩膨胀、巷道断面缩小等。这些现象都是可能出水的征兆，在观测时都要做出详细的记录。

此外，煤层或岩石在透水之前，一般还会有些征兆，如：

（1）煤层里面有“吱吱”的水叫声音。煤层本身一般是不含水的，在工作面的周围，如果有压力大的含水层或积水区存在，水就要从裂缝向外挤出。只要靠近煤层一听，就会听到“吱吱”的声音，甚至有向外渗水的现象。

（2）煤本身是有光泽的，遇到地下水就会变成灰色无光的。在这种情况下，可以挖去表面一层煤，如果里面的煤是光亮的，证明水不是由煤里面透出来的，而是前面不远处有地下水。

（3）煤本身是不透水的，如遇到煤层“发汗”，可以挖去表面一薄层煤，用手摸摸新煤面，如果感到潮湿，并慢慢结成水珠，这说明前面不远会遇到地下水。

（4）煤是不传热的，如发现掌子面发潮、“发汗”，可用手掌贴在潮湿的煤面上，等一个时间，如感到手变暖，说明离地下水还很远，如果一直是冰冷的，好像放在铁板上一样，就说明前面不远有地下水。

（5）靠近地下水的掌子面，一进去有阴凉的感觉，时间越长就越阴凉。

（6）老窑水一般有臭鸡蛋气味，在掌子面闻到这种气味时，就应当肯定前面有老窑水。也可以用嘴来尝尝从工作面渗出来的水，老窑水发涩味，而含水层中的水一般发甜味。

（7）把工作面出现的水珠，放在大拇指与四指之间互相摩擦，如果是老窑水，手指间有发滑的感觉。

（8）辨别水的颜色。一般发现淌“铁锈水”（水发红）是老空水和老峒水的象征；水色清、水味甜、水温低，是石灰岩水的象征；水色黄混、水味甜，是冲积层水的象征；水味发涩带咸，有时水色呈灰白，是二叠纪煤系地层水的象征。

上述这些征兆并不是说每个工作面在透水之前都必定出现，有时可能出现一个两个，有时甚至没有出现。如果发现这些征兆，就应该将其位置在有关的生产图件上标出，并圈出可疑的突水范围，与此同时，和有关部门取得联系，采取措施，进一步探查清楚。

（二）矿井涌水量动态观测

（1）一般应分矿井、分水平设站进行观测。每月观测 1~3 次。复杂型和极复杂型矿井应分煤层（或煤系）、分地区、分主要出水点设站进行观测，每月观测不少于 3 次。受降水影响的矿井，雨季观测次数应适当增加。

（2）对井下新揭露的出水点，在涌水量尚未稳定和尚未掌握其变化规律前，一般应每天观测一次。对溃入性涌水，在查明突水原因前，应每隔 1~2h 观测一次，以后可适当延长观测间隔时间。涌水量稳定后，可按井下正常观测时间进行观测。

（3）当采掘工作面上方影响范围内有地表水体、富含水层、穿过与富含水层相连通的构造断裂带或接近老窑积水区时，应每天观测充水情况，掌握水量变化。

含水层富水性的等级标准：

含水极丰富的含水层，单位涌水量 $q \geqslant$ 10L/sm；

含水丰富的含水层，单位涌水量 q 为 10~2L/sm；

含水中等的含水层，单位涌水量 q 为 2~0.1L/sm；

含水小的含水层，单位涌水量 $q <$ 0.1L/sm。

（4）新凿立、斜井，垂深每延深 10m，斜井每延深斜长 20m，应测量一次涌水量。掘至新的含水层时，虽不到规定的距离，也应在含水层的顶、底板各测一次涌水量。

（5）井下疏水降压（疏放老空水）钻孔涌水量、水压观测。在涌水量、水压稳定前，应每小时观测1~2次，涌水量、水压基本稳定后，按正常观测要求进行。

（6）矿井涌水量的观测，应注重观测的连续性和精度，要求采取容积法、堰测法、流速仪法或其他先进的测水方法。测量工具仪表要定期校验，以减少人为误差。矿井涌水量观测方法，常用的有如下几种：

①容积法。用一定容积的量水桶（圆的或者是方形的），放在出水点附近，然后将出水点流出的水导入桶内，用秒表记下流满桶所需要的时间，按下述公式计算其涌水量：

$$Q=V/t$$

式中 Q——涌水量，m^3/h 或 m^3/min；

V——量水桶的容积，m^3 或 L；

t——流满水桶所需的时间，h、min 或 s。

在井筒开凿时，常常利用迎头的水窝来测量涌水量。其方法是：用水泵将井底水窝内的水位降低一部分，然后停泵，测量水头升高到一定位置所需的时间，按下式计算其涌水量：

$$Q=(F \cdot H)/t$$

式中 F——水窝断面面积，m^2；

H——水位上升高度，m。

测量巷道顶板滴水和淋水的水量时，也可用容积法测定。一般是采用一块长约2m，宽与巷道的宽度大致相等的铁皮或塑料布，将水聚集起来，然后导入量水桶中，用前述公式计算其涌水量。

容积法测定涌水量一般比较准确，但有局限性，当涌水量过大时，这种方法不宜使用。

②浮标法。这种方法是在规则的水沟上下游选定两个断面，并分别测定这两个断面的过水面积，取其平均值，再量出这两个断面之间的距离，然后用一个轻的浮标（如木片、树皮、厚纸片、乒乓球之类），从水沟上游的断面投入水中，同时记下时间，等浮标到达下游断面时，再记下时间，两个时间的差值，即浮标从上游断面到下游断面，流经 L 长的距离所需的时间 t，然后按下式计算其涌水量 Q：

$$Q = L / t \cdot F$$

这种方法简单易行，特别是涌水量大时更适用，但精度不太高，一般还需乘上一个经验系数。经验系数的确定，需考虑到水沟断面的粗糙程度、巷道风流方向及大小等，一般取 0.85。

③堰测法。这种方法的实质就是使排水沟的水通过一固定形状的堰口，测量堰口上游（一般在 2 倍 h 的地点）的水头高度，就可以算出流量。堰口的形状不同，计算的公式也不一样，常用的有如下三种堰形：

三角堰：如图 1-9 所示，这种堰适合于流量＜ $0.5\text{m}^3/\text{s}$ 的情况。计算公式为

$$Q = 0.014h^2\sqrt{h}$$

式中 Q——流量，L/s；

h——堰口上游 2 倍 h 处的水头高度，cm。

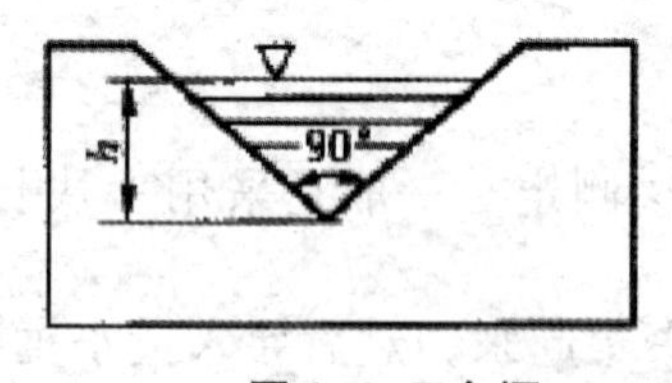

图 1-9 三角堰

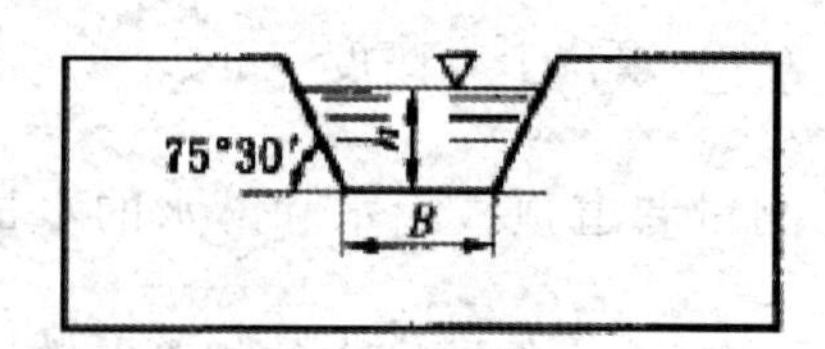

图 1-10 梯形堰

梯形堰：如图 1-10 所示，其计算公式为

$$Q = 0.18Bh\sqrt{h}$$

式中 B ——堰口底宽，cm。

矩形堰：如图 1-11 所示，其计算公式为

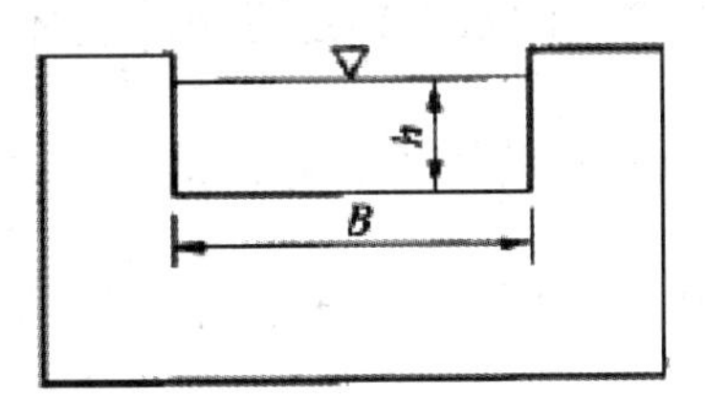

图 1-11 矩形堰

有缩流时（即堰口窄于水沟）：

$$Q = 0.01838(B - 0.2h)\sqrt{h}$$

无缩流时（即堰口与水沟一样宽）：

$$Q = 0.01838Bh\sqrt{h}$$

使用堰测法时，必须注意堰口的上下游一定要形成水头差（跌水），如图 1-12 所示。否则，测量的结果不准确的。

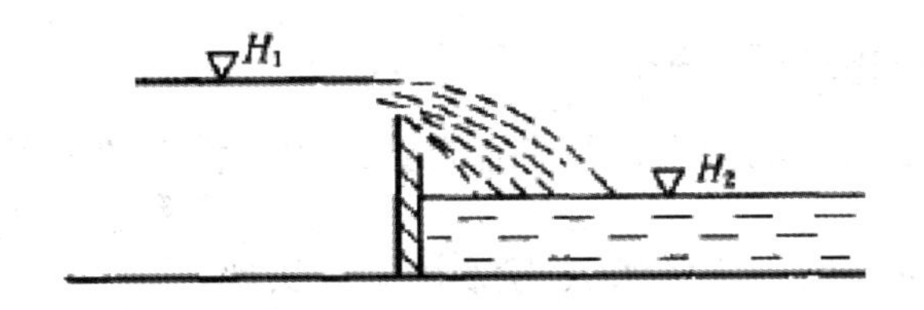

图 1-12 堰口跌水示意图

为了计算方便，可根据上述各堰形的公式编制成水量换算表，在观测水量时，只要测出水头高度即可从表中查出水量的数字。

④流速仪法。使用流速仪测定矿井涌水量，一般是在巷道水沟中选定一个断面，然后用流速仪测定水沟过水断面中预定测点的平均流速，从而确定该断面的流量。

流速仪主要由感应部分（包括旋杯、旋轴、顶针）、传讯盒部分（包括偏心筒、齿轮、接触丝、传导机构）及尾翼三部分组成。测量时，将仪器放入水沟中，当水流作用到仪器的感应元件——旋杯时，由于左右两边的杯子具有凹凸形状的差异，因此压力不等，其压力差就形成了一转动力矩，并促使旋杯旋转。水流的速度越快，旋杯的转速

也越快，它们之间存在着一定的函数关系，此关系是通过检定水槽的实验而确定的。

水流速度的测定，实际上就是测量在预定时间内旋杯被水流冲出时所产生的转数。旋杯的转数借助于仪器的接触机构转换为电脉冲信号，经由电线传递以水面部分的电讯设备来测得。旋杯每转 5 转，接触机构接通电路一次，电信设备即发出一次信号（铃响或灯亮）。测量者统计此信号数（乘以 5 即旋杯的总转数）和相应的测速历时，即可计算水流速度。

⑤水泵有效功率法：这种方法是利用水泵的铭牌排水量和它的实际效率来换算涌水量。例如某一个矿井，井下泵房装有 3 台大泵，3 台大泵的排水能力都是一样的（240m³/h），但其实际效率只有铭牌的 95%。每个班只需开动其中的一台工作 4h，即可将井下的水排完，则该矿井每天（24h）的涌水量为 $240 \times 0.95 \times 4 \times 3=2736m^3$，则每分钟为 1.9m³。

（三）观测资料的整理及分析

井下和地面水文地质观测资料，只有经过系统的、科学的整理之后，才具有实用价值。这个过程一般通过制表（台账）、绘制图纸来实现。

1. 矿井水文地质台账

（1）气象资料台账；

（2）钻孔水位动态观测成果台账；

（3）地表水文观测成果台账（包括河流、塌陷坑积水）；

（4）矿井涌水量观测成果台账；

（5）抽（放）水试验成果台账；

（6）井下水文钻孔台账；

（7）水质分析成果台账；

（8）封闭不良钻孔台账；

（9）井下突水点台账；

（10）水源井台账。

2. 水文地质图纸

（1）巷道充水性图，1 ∶ 2000 或 1 ∶ 5000；

（2）煤层充水性图，1 ∶ 2000 或 1 ∶ 5000；

（3）综合水文地质图，1 ∶ 2000 或 1 ∶ 10000；

（4）水文地质剖面图（走向、倾向），1 ∶ 1000~1 ∶ 5000；

（5）综合水文地质柱状图，1 ∶ 500；

（6）主要含水层等水位线图，1 ∶ 2000~1 ∶ 10000；

（7）矿井涌水量与降雨量、蒸发量、水位动态曲线图；

（8）矿井排水系统示意图。

第二章 矿井水文地质条件探查技术

我国煤矿水害类型多样，受水害威胁的煤炭储量约占探明储量的27%，仅华北地区受底板承压水威胁的就约有160亿吨。目前我国重点产煤区的煤炭开采深度在600m左右，开采深度超过1000m的煤矿有10余座。由于煤矿开采深度的增加，已引发了一系列的矿井灾害事故并严重地影响了煤矿的正常生产，因此，矿井水文地质条件探查显得尤为重要。矿井水文地质条件探查具有如下作用：

（1）矿井水文地质条件探查是煤矿水害防治的基础性工作，能够为矿井正常安全生产提供水文地质依据。

（2）矿井水文地质条件探查是煤矿地质保障系统建设的重要组成部分，高产高效是当今世界发达国家煤炭工业先进水平的标志，也是我国煤炭工业发展的目标之一。

我国在水文地质条件探测方面积累了一定的经验，形成了一些较为成熟的探测技术方法，如物探方法中的数字电法、频率测深法、瞬变电磁法、瑞利波法等，水文地球化学中的水质分析、示踪试验、氧化-还原电位和同位素技术等。选择正确合理的水文地质勘探方法是探明水文地质条件的关键。

1. 矿井水文地质条件探查的国内外技术现状

20世纪60年代以来，国外含水层预先疏干降压方法逐渐取代被动排水，围绕这种主动防治水方法，发展了相应的钻探新技术。

在物探方法方面，德、英、美等国率先研究槽波地震法，探测落差大于煤厚的断层；比利时采用矿井地震仪探测采矿应力分布；美国采用TK、RRK、HRK仪测器定灰岩中的裂隙及溶洞，并生产湿度计，利用缓发中子法探测岩层中的湿度变化；苏联在超前孔中用无线电波法研究岩溶发育带以预防突水；匈牙利采用综合物探方法，探测落差大于20m的断层、煤系中的含水层、隔水层的厚度及煤系底部含水层顶板的起伏等。地面物探方法，苏联及东欧各国应用电法较多，如用激发极化法探测深度100m以内的地下水位及流速、流向；用电阻率法探测浅部的大溶洞和岩溶发育带等。美国及西欧应用地震法较多，如用地震法探测深部的断层带及地层界面。测井法、重力法、无线电波法及声波法也有所应用。水文地质勘探方面，国外仍主要采用抽水试验方法，美国采用钻杆试验法，利用安装在钻杆上的探测器，测量水压恢复曲线，得出含水层渗透性、水压、湿度、水质等资料。匈牙利采用脉冲干扰试验法，在主井中产生振动脉冲，利用德国和美国生产的高灵敏度压力计，测出含水层的压力差，即地层的弹性变化，从而获得含水层的导水系数及贮水系数。苏联采用流量计法测定各含水段的流速、流向。水文地质钻探趋向于大口径发展，如德国L4、L5型钻机，开孔直径1.5~2.0m，孔深400~500m。美国CSD800型钻机，开孔直径3m，孔深可达300m。针对各种地质问题，各国相继开展了红外测温法、井下直流电法、地震波反射法、瑞利波法、电磁波法（包括无线电波透视法和地质雷达法）等矿井物探方法的研究，并取得了较好的效果。

国内在探测井田地质构造和导、含水体方面也有长足发展，基本形成了井上、下相结合的探测矿井突水条件的技术方法体系，对解决矿井水害问题发挥了重要作用。1994年，煤矿采区三维地震勘探技术首次在淮南矿区获得成功，达到了能够查明落差5m以上断层，甚至发现了埋深460m、断面3.2m × 3.8m、相距50m的两条巷道的高精度。此后，在全国各大主力生产矿井中掀起了采区三维地震勘探的热潮。迄今为止，煤矿采区三维地震勘探技术已经在平原、山区、丘陵、戈壁和沙漠地区取得了令人瞩目的进展，其解决煤矿生产地质问题的精度和能力得到了煤矿企业的普遍认可，作为煤矿采区采前构造勘探的首选技术手段而得到了大范围的推广应用。

超前物探的主要方法有三种：井下电法、瑞利波法和音频电透视法。井下电法是把直流电法引用到煤矿井下的电阻率探测技术，可探测巷道周围的断层破碎带、隐伏含水、导水构造、潜在突水点、工作面煤层底板奥灰顶面埋深、导升高度、底板完整性、含水情况、富水程度等。其探测仪器为井下防爆数字电法仪，探测深度为 30m 以内。瑞利波法是根据介质的反射波探查前方的反射界面，即断层构造。音频电透视法是工作面坑道透视方法中的一种，主要用于探测工作面内部煤层底板至灰岩含水层之间隔水层的含水构造（含水、导水断层，节理，裂隙等）。

目前，用于超前探测的电法勘探主要是直流电阻率法，包括矿井电剖面法、点电源法、巷道顶底板电测深法、层测深法、高密度电阻率法、直流电透视法等。它们都是以研究介质的导电性为基础，通过在地下建立人工直流电场，观测岩层沿测线方向或垂直测线方向的视电阻率的变化规律来研究地电场分布规律、剖分地电断面，从而达到解决有关地质问题的目的。这些方法常用于探测巷道顶底板隔水层厚度及埋深、含水层富水段、含水溶洞和断层破碎带等低阻地质体，对独头巷道超前探测含水体有明显的地质效果，最大探测距离可达 80m。直流电法因其设备和现场工作较轻便，对含水、导水构造的判断较准确，在煤矿井巷、隧道工程中侧帮和工作面的超前探测中得到广泛应用，成为目前井下物探的主要方法之一。电磁法技术在探查矿井水文地质条件中各有侧重点：无线电透视技术主要探查单一煤层内的构造发育情况，不能判断煤层顶、底板内的地质条件；井下直流电测深技术主要应用于解决巷道垂向上顶、底板内及迎头前方的局部地质体或特征层位的探测问题；矿井音频电透视技术主要用于探查工作面内部（两顺槽之间）隐伏构造（特别是含、导水构造），是探测工作面内部顶、底板内的含、导水构造的有效物探方法。

2. 矿井水文地质条件探查技术发展趋势

超前探测研究正趋向于探测方法综合化，仪器设备安全、轻便化，理论模拟三维化，资料处理可视化等方向发展，在不断提高超前探测精度和准确性的前提下，试图增大超前预报的距离，为矿井水害预防及治理提供可靠的科学依据。

矿井水文地质条件探查技术的发展方向是将井上下物探方法、基础地质勘探手段与地理信息系统技术有机结合，利用三维地震、瞬变电磁、地面钻探和井巷工程等多元数据，查明采区内断层分布、岩溶裂隙发育带的分布等。以地理信息系统为平台建立矿井多元信息集成系统。

在综合物探技术选择和使用方面：地面选用高密度三维地震等技术全面覆盖，然后对异常区、可疑区采用大功率直流电法、瞬变电磁法综合探测，再有重点地布置地面钻探工程查明地质构造和水文地质条件，对于地面勘探发现的异常区，在井下进行综合勘探，查明水源、导水通道和含水构造规模及影响范围。

第一节　含水层及其富水性的探测

一、联合放水试验

大流量、大降深的联合放水试验是在相邻多个生产矿井（也可以是一个矿井）的不同水平，针对主要充水含水层，施工井下放水孔及水位观测孔，通过多条勘探线，形成水文地质勘探网，进行大规模的联合放水试验。在初始水动态流场的基础上，以最大的疏放水量，造成最大的水位降深，经过人为动态流场的不断变化，最终形成一个稳定的人工流场。对疏放水量及水位资料进行系统的整理，即可得出充水含水层的初始流场、放水稳定时刻的人工稳定流场以及从初始到稳定多个时间点的动态流场资料，得出含水层的富水条件、补给条件、径流条件、井田边界条件以及主要构造的阻水、导水性等水文地质特征，对水文地质块段进行合理的划分；并结合计算机数值模拟，将反映水文地质条件的部分参数实现定量化，在此基础上对充水含水层的补给水量、突水量以及带压开采的疏降水量进行模拟预测。

如肥城煤田水文地质条件复杂，由于9、10层煤距下伏层五灰含水层仅13~25m，一般为18m，使东部四矿自开采9、10层煤以来曾发生底板突水达120次，造成全井停产事故2次。肥城矿务局东四矿（杨庄、曹庄、大封、陶阳）开展了历时92天、放水量1042~7377m^3/h、放出水量733万m^{3}的大规模放水试验。试验初期先进行分矿单独放水试验，随后四矿同时放水。在放水试验过程中同时进行井上下水位、水量观测，并伴有水化学示踪连通试验。通过东部四矿联合放水试验并结合开采过程中积累的水文地质资料，划分出四个不同的水文地质块段，证实了五灰与奥灰之间具有良好的水力联系，疏降五灰水是十分困难的，为正确合理地确定水害防治措施、安全解放下组煤提供了可检可信的水文地质依据。

二、局部放水试验

在以矿井或矿区为单位进行联合放水试验的基础上，随着生产的接续，对受水威胁的生产采区进行局部的小型放水试验，即在水文地质条件得到宏观控制的前提下，对局部范围进一步查明，简单块段中可能有复杂的区域，复杂块段中也可能有简单的区域。在大规模联合放水试验及采区放水试验已基本查明水文地质条件的前提下，对于简单的块段，可以直接采用带压开采，对于富水性强、补给水源充沛、径流条件好的复杂块段，则必须采用钻探、物探等其他手段，对构造、局部富水带进一步查明。

第二节　隔水层及其阻水能力的探测

煤层底板保护层阻水能力，主要通过采场试验或室内试验获得带压系数进行研究。进行采场测试时，根据物探测试资料的分析结果，选择有代表性的进行钻探试验研究。通过孔内不同深度的水压测量，计算出保护层总体的带压系数，具体的方法如下：①将钻孔施工到煤层底板；②止水，避免上部地层裂隙水和含水层水流入孔内；③进行钻孔换径，小孔径向煤层底板钻进 2~3m，记录煤层底板地层的厚度、岩性、裂隙发育情况、钻进深度以及岩心与地层的夹角。

在钻探过程中，当地层有少量涌水时，即可对孔内的涌水量、水压和水温等进行测定，然后，每钻 2~3m 就重复上述工作，如发现水量突然加大，则加密观测上述数据。钻孔涌水后，要用水表测量水量，水压必须在封闭条件下测量。根据以往的经验，水压和水量的观测时间至少分别需要30min，如最后10min 内数据变化过大，还需要延长观测时间。其标准为水压相等，水量误差在 5% 以内。

第三节　构造及“不良地质体”的探测

本节中的构造主要指断层和陷落柱，而“不良地质体”主要指破碎带及含水异常区。构造探测方法分地面和井下两大类型：地面方法主要是三维地震，井下方法主要是坑道无线电波透视和瑞利波法。“不良地质体”探查方法主要指井下电法（直流电法和音频电透视法）。

一、三维地震勘探技术

20 世纪 90 年代开始推广应用的三维地震勘探技术，以其探测煤层构造和地质体精度高、工程周期短而被矿山企业接受。目前三维地震勘探可以查明落差大于或等于 5m 的断层、查明直径大于或等于 20m 的陷落柱、查明采空区边界，其平面位置误差小于或等于 20m，深度误差小于或等于 1%，被广泛应用于煤矿工作面的补充勘探中。因此，可以说三维地震勘探已经成为实现精细化勘探的一门成熟技术，用于探测煤层采空区边界是行之有效的手段。

三维地震勘探对于采区地震地质条件有一定的要求，地震地质条件好的探区勘探效果好，反之，效果欠佳。浅层地震地质条件主要包括地面高程差、表层激发条件、潜水面深度、目的层上覆地层的均匀性或破碎程度、地面建筑物等。深层地震地质条件主要指目的层构造复杂程度、波阻抗差、地层倾角等。

应用三维地震勘探技术对河南白坪井田进行了补充勘探，该区地形复杂，冲沟发育，高程差达 60~70m，属低山丘陵，被认为是地震勘探条件困难的地区，经过野外施工和资料处理，取得了高分辨率的勘探效果，共查出断层 19 条，新发现断层 18 条，修正断层 1 条，查清了二 1 煤层的起伏形态，掌握了 10m 以上断层的起伏变化。

二、坑道无线电波透视技术

坑道无线电波透视技术简称坑透，是利用电磁波在介质中的传播特性，探测矿井采煤工作面或钻孔之间的地质构造，如断层、陷落柱等，可大大减少钻探工程量和费用。该技术与专用软件配合使用，具有探测准确度高、可靠性好、性能稳定、质量轻、操作简单、便于维护的特点，对井下电缆等导体具有良好的抗干扰性能，目前已被广泛应用于煤层底板构造探查。

根据中频无线电波在非均匀介质中传播，不同介质对电磁波的不同吸收性的原理来判断该介质中有无异常地质构造。仪器操作一般由3~4人在井下进行数据采集和测量，回到地面计算机自动读取数据，并利用CT成像技术和计算机辅助设计（CAD）技术进行资料分析和处理，绘制出地质构造位置的平面分析图和综合曲线图。

三、瑞利波勘探技术

瑞利波勘探是地震勘探的一个分支，它是20世纪80年代发展起来的一种新的浅层勘探手段。最早是由日本VIC公司于1981年开发成功的，该公司研制生产的稳态GR-810型瑞利波勘探仪主要用于地面工程勘探（地基、坝址、地下洞穴等）。1986—1988年期间，煤炭科学研究总院西安分院引进了GR-810型仪器，在地面和煤矿井下开展了大量的探测试验，取得了很好的效果。与此同时，还专门研制生产了适合地面与煤矿井下使用的MRD-I型、MRD-II型瞬态瑞利波勘探仪。

在地面上施加一个垂直振动时，将会产生两种类型的波，即体波和面波。体波包括纵波和横波，它们以半球面方式向地层深处传播；面波主要指瑞利波，只在表面附近一定深度内按圆柱形波前方式传播。在非均匀弹性介质中，不同频率的振动按不同的速度传播，一定的频率对应一定的波长，即对应一定的地层深度，这就是瑞利波的频率（深度）—速度分散特性。当瑞利波在传播过程中，遇到松散破碎带界面时，瑞利波分散曲线将会突然中止或畸变，分析计算瑞利波的分散曲线，就可以确定异常体的存在，这就是瑞利波地震勘探的基本原理。

利用瑞利波技术对北京门头沟矿区小窑采空区进行了探测，施测面积近2km²，布置测点360个，探测深度50~60m。从验证钻孔的资料分析，瑞利波法判明的5处采空区均得到验证，且深度准确。

瑞利波不仅用于探测采空区，还可以探测井下地质构造。目前，应用瑞利波可查清在掘进方向和巷道四侧40m深度内的地质异常。

焦作冯营矿西副巷灰岩巷道中瑞利波探测的频散曲线，曲线显示在8.16m、19.2m、36m有构造存在，经掘进验证在巷道前方8m和20m处为松散破碎带，36m处是一个断层。

四、弹性波CT技术

“CT”技术最早是在医学领域内获得成功的。地球物理领域的“CT”技术是近二十几年才发展起来的。最早主要研究大地构造和天然地震，随后逐步应用于矿产勘探，如利用该技术研究孔隙度和渗透率，探明石油分布，确定盐丘中裂隙分布等。在煤矿地球物理勘探中，主要利用弹性波“CT”技术监测地应力分布的变化，探测断裂带、陷落柱、冲刷带、火成岩体等。

“CT”的工作原理是采用某一种探测系统，通过若干射线束，在探测对象内部构成切面，根据切面上每条射线物性参数的变化，在计算机上通过不同的数学方法处理，重建切面的图像。岩体的弹性地震波传播速度主要取决于它们的弹性模量和密度大小。一般地，结构松散的岩层波速都很低，大多数基岩，如沉积岩（石灰岩、砂岩等）和火成岩的波速都比较高，当岩层中存在构造（断裂带、陷落柱、采空区等）时，必将导致波速发生变化。因此，通过弹性波“CT”技术重建探测区内弹性波的速度分布，即可圈定出有关构造和地质异常体的分布。

利用弹性波“CT”技术对石太高速公路柏井段路基采空区进行了探测，其探测任务是：①圈定探测范围内的老窑采空区分布；②对采空区的范围、深度给出定性、定量解释。为此，共在测区范围内施工8个钻孔，在8个钻孔之间进行了22次“CT”探测，共获得22个弹性波“CT”剖面。数据采集所用仪器为SEAMEX-85型数字地震仪，接收采用专门研制用于孔中接收的三分量加速度检波器串，记录道数24道，记录长度 4096 个采样点，采样间隔 0.25ms。由 B3~B5 孔间弹性波“CT”探测“代数再现法”第五次迭代的速度剖面可以看出，低速区在 B5 孔处距地面约 60m。该低速区向 B3 方向延伸 30m 左右，此低速区应为老窑采空区。通过 8 个钻孔验证，说明“CT”探测结果与验证孔揭露情况基本一致，弹性波“CT”技术在采空区探测方面取得了很好的效果。

五、地面放射性法探测陷落柱

大量的实践证明，在地壳深处的天然放射性浓度总比近地表的地层大，只要这些元素能借助流体移动，就由高浓度向低浓度沿着陷落柱的边界通道进行扩散，使陷落柱的顶部放射性元素含量急剧增大。根据柱顶及其围岩的岩石力学分析，可在柱顶截面上形象地绘出天然放射性浓度的分布图，其高值圈就是陷落柱的环形边界，柱内是富集圈，柱外是弥散圈，各圈的宽度取决于陷落柱形成后柱内外岩石的破坏程度及范围。陷落柱顶部所富集的高浓度天然放射性元素不会停止不动，它将继续向低浓度的地表进行各种形式的迁移及渗漏，经过一个长期的过程，达到一个相对稳定的状态，使地表形成异常圈，该异常圈与柱顶截面的形状相似，而大小不等，此即放射性探测陷落柱的地质依据。

根据放射性法探测陷落柱的地质依据，采用相对比较法，用正异常值圈定了西铭矿店头村陷落柱异常边界，共做 2 条基本垂直柱体走向的剖面。在室内对测量数据进行处理，并用相关系数、趋势面分析等方法进一步分析，强调了异常。当然，利用这一方法解释获得的陷落柱在地面上的边界，是根据陷落柱顶部放射性水晕圈定。因此，其异常范围只能定性确定陷落柱的存在。

六、高分辨自动地电阻率技术

快速高分辨地电阻率勘探首先是为了满足军事需要而提出的，美国西南研究所于20世纪80年代初将人工单极—偶极技术自动化，研制出先进的地电阻率资料采集系统。煤炭科学研究总院西安分院根据美国地电阻率勘探技术，开展了“高分辨自动地电阻率系统”的研究，其目的在于解决我国煤矿老窑探测问题。该方法的优点在于：①探测深度可达150m，这是瑞利波法、地质雷达等方法不可比拟的；②较普通电测深法提取的信息量大、分辨率高，能分辨大小与埋深相比为5%~10%的异常体。

自动地电阻率法相当于三极测深，称单极—偶极法。该方法原理图见图2-1，A为供电电极（另有一无穷远电极B），M、N为测量电极，当地下有采空区时，所测电位差曲线偏离正常曲线而发生高阻畸变；当采空区积水时，则呈低阻畸变。

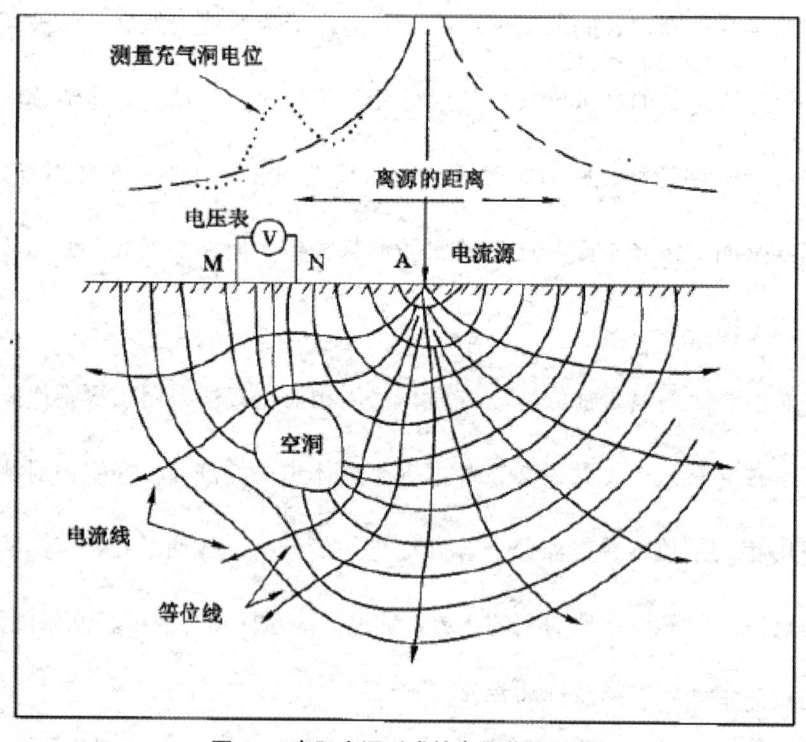

图2–1 高阻空洞形成的电位曲线异常

利用高分辨自动地电阻率技术对北京门头沟老窑采空区进行了探测，该区小煤窑开采年代久远，形成复杂的采空区。该次探测共完成测线26条，长度10210m，观测控制深150m的测深点1744个，覆盖面积1.8km²。所采集的自动地电阻率资料经计算机处理，绘制成视电阻率拟断面灰度图，在两处专门进行了钻探验证，两者对应一致。

七、矿井直流电法

目前用于巷道掘进头前方地质异常体探测的物探方法主要是矿井直流电法、超前探测技术。

矿井直流电法属全空间电法勘探，它以岩石的电性差异为基础，在全空间条件下建场，使用全空间电场理论，处理和解释有关矿井水文地质问题。超前探测是研究掘进头前方地层电性变化规律，预测掘进头前方含导水构造的分布和发育情况的一种井下电法探测新技术。

由于采用点源三极装置进行井下数据采集工作，无穷远电极对巷道内测量电极的影响可以忽略不计，故其电场分布可近似视为点电源电场。由于供电电极位于巷道中，其电场呈全空间分布，可利用全空间电场理论对数据进行分析解释。

掘进头超前探测应用固定供电电极和移动测量电极M、N的三极装置形式。井下超前探测施工装置示意图见图2-2所示。

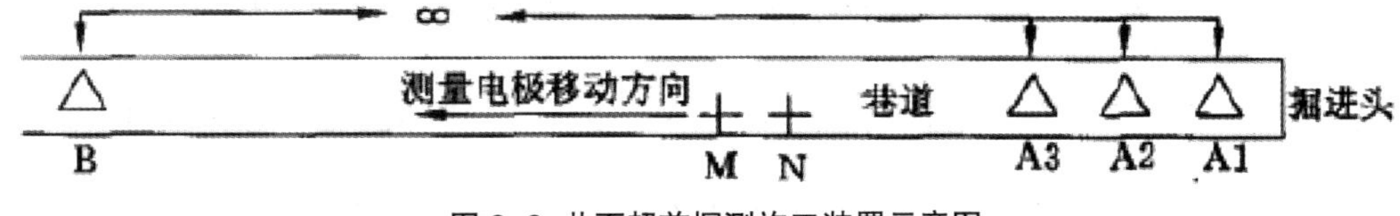

图2-2　井下超前探测施工装置示意图

超前探测井下施工一般在巷道掘进头附近以一定间距布置供电电极A1、A2、A3，测量电极M、N在巷道内按箭头所示的方向以一定的间隔移动，每移动一次测量电极M、N，测量一次A1、A2、A3所对应的视电阻率值ρ_1、ρ_2、ρ_3。测量电极M、N的间距根据地质任务和勘探的详细程度而定，同时也要考虑信噪比的关小。由于 DZ-HA 型数字直流电法仪的最大供电池流不超过 100mA，这就限定了超前探测的距离不可能很大。根据近年来的应用，勘探距离最大不超过 80m。

不同岩性的地层具有不同的导电性。一般地，泥岩、粉砂岩、中粗砂岩视电阻率值是逐渐增高的。煤系地层有层状分布的特点，故在横向上其导电性相对均一，纵向上视电阻率的变化规律基本一致。

当有含水断层或裂隙切割煤系地层时，由于含水体具有良好导电性，它与围岩会产生明显的电性差异。应用高分辨直流电法探测仪采集岩石的视电阻率值，通过对所采集数据进行定性和定量处理就可以发现异常部位，这是高分辨直流电测深方法应用的物性前提。

在均匀地层中，电流线在地层中均匀分布。当有含水断层或充水裂隙切割地层时，由于水体良好的导电性，电力线会向含水断层或裂隙破碎带集中，使探测到的视电阻率值明显低于其他部位的视电阻率值，这就为掘进头超前探测提供了夯实的物性基础。

八、矿井音频电透视技术

音频电透视技术是利用电磁波在介质中传播时，其电流强度随介质层视电阻率的大小而有规律变化的特征，计算出穿透各点的视电阻率相对关系，做出反映探测区域富水性强的等视电阻率平面等值线图，并可结合具体水文地质条件推断出顶、底板含水体的性质，富水性大小，空间形态及分布范围，为防治水害工作提供依据。该方法的主要用途为：①采煤工作面底板下 100m 内富水区域探测；②采煤工作面顶板 100m 内富水范围探测；③工作面内老窑、陷落柱平面分布范围探测；④注浆效果检查。

从大的范畴来说，矿井音频电透视技术仍属于矿井直流电法，其目的是探测采煤工作面内部的导水构造、底板含水层的集中富水带。许多矿区的研究和试验证明，井下直流电法透视是探测水文地质异常区最为有效的矿井物探方法之一。

九、井上、下综合物探查找陷落柱

陷落柱具有一系列独特的特征，易与构造变动相区别。柱状陷落均由不同低层的岩煤碎块充填而成。这些充填物大小不一，棱角明显，形状不规则，分布杂乱无章，并为黏土充填胶结；陷落柱与围岩的接触面界线分明，多呈锯齿状折线（60°~80°），常被红色铁质沉积物以及钙质或高岭石沉积物等充填。陷落柱一般呈上小下大的柱状体，但在含水较多较松散的岩层中，则有上大下小的漏斗状陷落柱。陷落柱的发育受构造和水文地质条件影响，常沿构造线排布，时常在两组断裂交会处发育，在平面上具有带状分布的特点。所以，在识别陷落柱的过程中，首先要充分了解研究区的区域地质情况和地震地质条件，考虑不同情况下可能引起反映的差异，继而寻找识别陷落柱的特殊技术方法。

由于陷落柱面积的局限性和内部充填物的似层性，其电性和密度与围岩的差异很小，难以识别，因此对陷落柱的地球物理探测尚没有有效的方法，全国尚没有陷落柱非定点探测成功的例子。

对于没有直接裸露地表的岩溶陷落柱，在煤炭资源地质勘探阶段用钻探手段是难以查清的，往往等到煤层开拓和开采时才能发现。至于隐伏于煤层底板以下的陷落柱，即使在煤层开采时，甚至发生了突水情况，也不易发现其存在。故在有岩溶陷落柱的矿区采煤时，必须事先采用新的手段查清岩溶陷落柱。

根据多年来的实践，陷落柱探查的技术方法和路线如下：首先在地面选用高密度三维地震全面覆盖，然后对异常区、可疑区采用大功率直流电法、瞬变电磁法综合探测，再有重点地布置地面钻探工程查明地质构造，对于地面勘探发现的异常区，在井下进行综合勘探，查明垂向导水构造的规模（见图 2-3）。

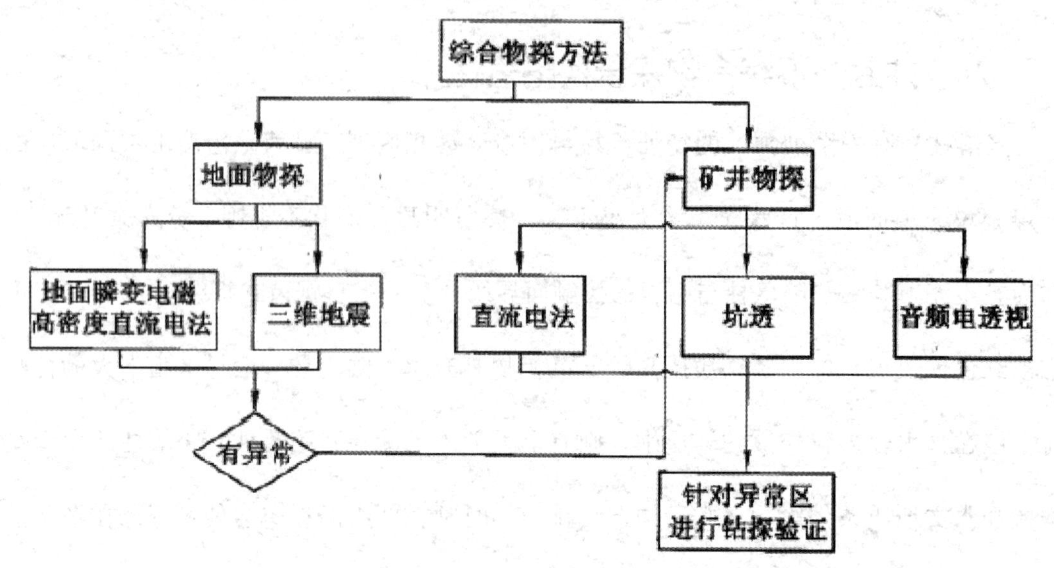

图 2-3 矿区综合物探技术探查垂向导水构造的方法

第四节　老窑分布范围及其积水情况的探测

煤矿采空区富含水对大煤矿的安全生产造成极大的安全隐患，小煤窑采空区多分布于大煤矿的浅部，探测地下采空区是保证大煤矿安全生产、防治地质灾害发生和解决煤矿间越界开采争端不可回避的一项重大课题。

在老窑分布范围及其积水情况的探测方面，瞬变电磁测深法是理想的选择，因为这种方法对含水体敏感，且受地形起伏影响较小，不受接地条件影响，发送磁脉冲，不受地表高电阻率影响。

一、瞬变电磁法基本原理

瞬变电磁法或称时间域电磁法，是利用不接地回线或接地线源向地下发射一次脉冲磁场，在一次脉冲磁场间歇期间，利用线圈或接地电极观测二次涡流场的方法（见图 2-4）。简单地说，瞬变电磁法的基本原理就是电磁感应定律。其基本工作方法是：在地面或空中设置通以一定波形电流的发射线圈，从而在其周围空间产生一次电磁场，并在地下导电岩矿体中产生感应电流。断电后，感应电流由于热损耗而随时间衰减，衰减过程一般分为早、中和晚期。早期的电磁场相当于频率域中的高频成分，衰减快，趋肤深度小；而晚期则相当于频率域中的低频成分，衰减慢。通过测量断电后各个时间段的二次场随时间变化规律，可得到不同深度的地电特征。

由于电磁场在空气中传播的速度比在导电介质中传播的速度快得多，当一次电流断开时，一次场的剧烈变化首先传播到发射回线周围各点，因此，最初激发的感应电流局限于回线附近，其各处感应电流的分布也是不均匀的，在紧靠发射回线一次磁场最强的地表处感应电流最强。随着时间的推移，远处的感应电流便逐渐向外扩散，其强度逐渐减弱，分布趋于均匀。美国地球物理学家对发射电流关断后不同时刻地下感应电流场的分布进行了研究，研究结果表明，感应电流呈环带分布，涡流场极大值最先位于紧靠发射回线的附近，随着时间的推移，该极大值沿着与回线平面成 30° 倾角的锥形斜面向外移动，强度逐渐减弱。

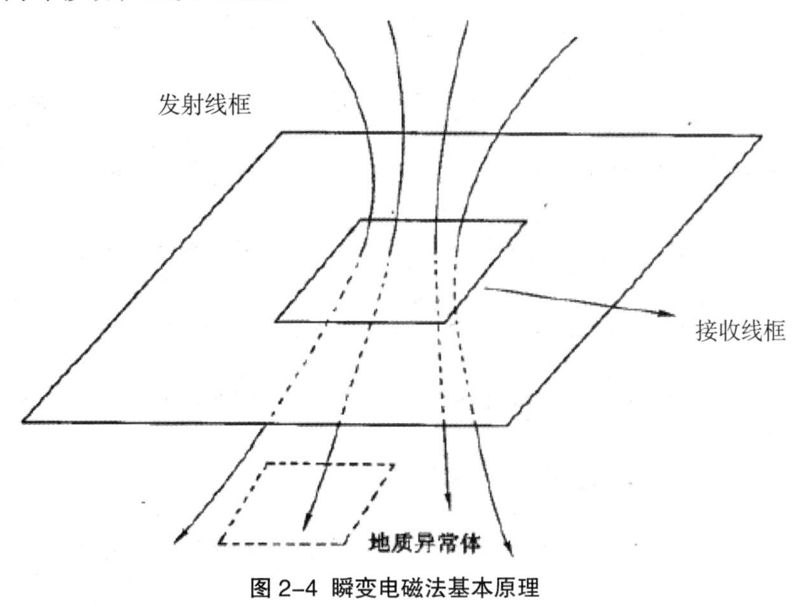

图 2–4　瞬变电磁法基本原理

二、瞬变电磁法的施工技术

矿井瞬变电磁探测所采用瞬变电磁仪具有抗干扰、轻便、自动化程度高等特点。

数据采集由微机控制，自动记录和存储，与微机连接可实现数据回放。由于探测采用小线框，点距可以根据勘探任务要求变化。实际测量时，采用多匝线框，在巷道侧帮测量时，线框平面可根据探测任务的要求设计相应探测方向。发射线框和接收线框分别为匝数不等且完全分离的两个独立线框，以便与地下（前方）异常体产生最佳耦合响应。

第五节　突水通道的探测与预测

隐伏导水陷落柱的存在是矿井安全生产的重大隐患，是矿井防治水的重点、难点。目前单一探测手段难以准确探测隐伏导水陷落柱。根据地质、水文条件在宏观上圈出隐伏导水陷落柱范围，然后利用三维地震、电磁法、化探、放水试验、水质分析、钻探等综合勘探手段，逐步缩小异常区范围。实践证明，从宏观到微观，从整体到局部，有效利用各种勘探手段，逐步逼近，能够准确定位隐伏导水陷落柱。

1984 年 6 月，开滦矿务局范各庄矿 2171 工作面遇 9# 陷落柱发生透水，最大涌水量达 2053m³/min，仅 21h 就将年产 300 万吨的大型矿井淹没，并突破矿井隔离煤柱，淹没了相邻的吕家坨矿。为吸取教训，1986 年范各庄矿恢复生产以后，利用综合逼近法对矿井内隐伏导水陷落柱进行了大规模的探查工作，从 1987 年至今已相继查明了 10#、11#、12#、13# 四个岩溶陷落柱，尤其是 10#、13# 导水岩溶陷落柱的发现，避免了淹井事故的发生，保证了矿井安全生产。

2003 年邢台东庞煤矿 2903 工作面巷道掘进引发陷落柱导水矿井被淹，国内多家勘测单位分别采用三维地震、直流电法、瞬变电磁法、可控源频率测深等多种物探方法进行地面综合探测，探测结果是陷落柱的基本形态为长轴 110m、短轴 50~70m 的椭圆形，长轴轴向基本垂直于工作面走向，陷落柱边缘距 2903 下巷出水点约 5m。

通过对各种方法探测结果进行汇总分析和综合解释，得出了陷落柱的具体位置、范围和导水特性，为快速堵水治理和恢复生产起到了积极的作用。

淮北桃园煤矿 1043 工作面巷道掘进过程中，在侧帮发现少量黄铁矿等充填物，因相邻 1041 工作面已发现有陷落柱存在，怀疑该巷道从陷落柱边缘穿过，采用井下电法侧向测深技术进行探测，确定了陷落柱在该工作面内部的范围并做出了弱导水性的评价，与后来的钻探结果吻合较高。

晋城王坡煤矿某工作面巷道掘进陷落柱约 20m，采用电法超前探测和瑞利波探测技术综合探测，确定了陷落柱的前方边界，与后来的掘进情况基本符合。

邢台邢东煤矿某采区矸石充填巷在掘进头前方和左前方发现陷落柱，采用电法超前探测和侧向层测深技术综合解释，确定了陷落柱范围并给出不导水评价，经验证，情况基本属实。

第六节　探查技术应用工程实例

一、任楼煤矿 7215 工作面探测

该工作面走向长 710m，倾斜宽 150m，南边界有 F3 正断层，北部有 FX6 正断层穿过工作面，中部有 FX8 正断层及断层组穿过。在顶底板破碎地段及断层破碎带，存在局部淋水现象，水量一般为 5~10t/h。该面存在强含导水体的可能性极大，经过井下探测及室内资料处理，得出该工作面底板 70m 以浅地层综合视电导率 CT 分析图（图 2-5）。

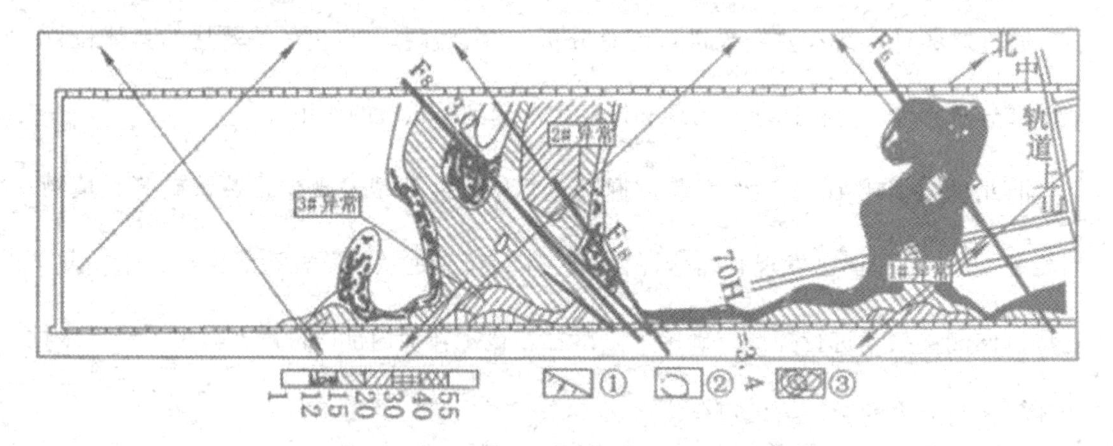

图 2-5 7215 工作面音频电透视 CT 分析图

①——已揭露断层；②——电导率等值线；③——物探异常区

从图 2-5 可以看出，该面存在 3 个小范围异常条带。其中 1# 异常，位于 FX6 断层附近，分析认为是断层裂隙发育带局部充水所致；2# 异常基本与 FX8 断层组相对应，认为是该断层带内裂隙相对含水所致；结合有关水文地质资料，分析认为 3# 异常是由巷道积水及底板局部裂隙富水引起的。

根据异常形态、幅度及分布走向，结合本区地质构造特征总体分析认为：在探测深度范围内无强含水构造（包括含水陷落柱），异常应为断层及底板裂隙发育相对富水带，不会对煤矿生产构成威胁，经过实际回采，证实了这一分析。

二、7212 工作面机巷至南运大巷间跨层位探测

该测区走向长 480m，倾斜宽 310m，7212 机巷为 7 煤巷道，南运大巷位于 8 煤底板以下 30m，要求探测煤层组（7 煤、8 煤）底板 100m 深度范围内有无强含水构造。

施工采用 A-MN 三极装置，测区视电导率 CT 分析图（见图 2-6）。从图 2-6 中可以看出，测区内有一明显的近东西向条带状异常。根据异常形态与幅度并结合区域构造特征分析认为：该异常为充水断层，属裂隙型异常，底板 100m 以内没有陷落柱。后经掘进验证在 7216 机巷物探异常位置相应出现巷道底板渗水（$2m^3/h$）现象，并伴有水温异常（30℃ ~31℃），说明水源来自深部（裂隙发育所致）。矿方采取了适当的

防治水措施后，7214、7216两工作面安全开采，没有发现隐伏陷落柱。

三、探查隐伏陷落柱的案例

范各庄矿在4-2胶带巷区域水文地质条件探查中，从大区域到小范围，逐渐查明了13#岩溶陷落柱，避免了一次淹井事故。

4-2胶带巷设计位置处于井口向斜区，区域内已揭露5个岩溶陷落柱：3#、4#、5#、6#、11#，多为井巷工程实际揭露。通过音频电导率透视，区域内共圈定出5个异常区，然后又通过电法测深探查到该区域主要富水异常区有3处，基本上与音频电导率透视圈定的3个富水异常区相对应。通过进一步的钻探探查认为，第三个异常区为主要的隐伏陷落柱怀疑区。最后经过三维地震勘探，确认第三异常区为一隐伏陷落柱。

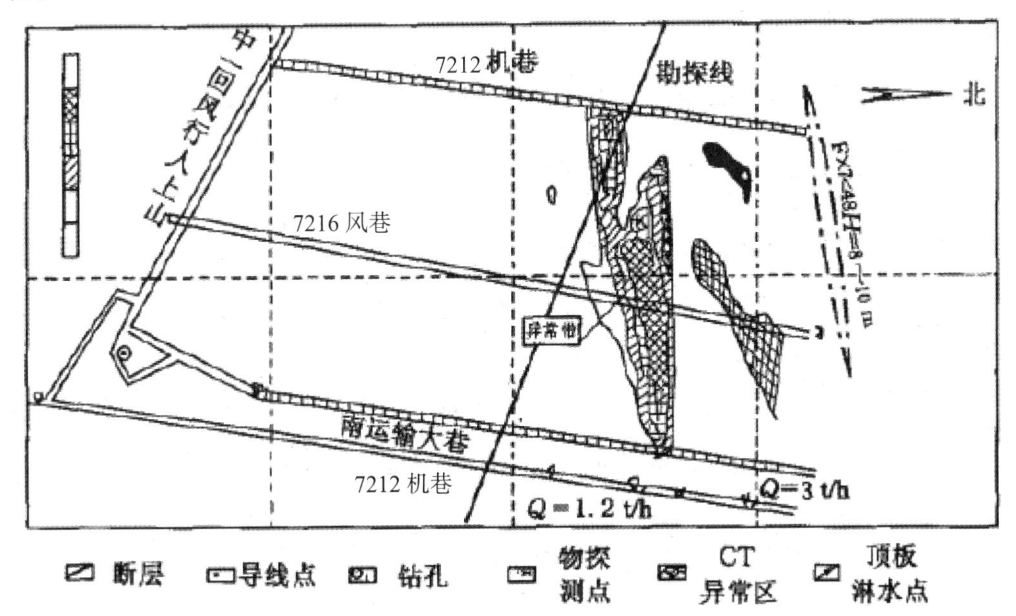

第三章　煤矿水害防治的基础理论与方法

第一节　煤矿水害发生的条件及主要影响因素

煤矿水害是指在煤矿建设与生产过程中，不同形式、不同水源的水通过一定的途径进入矿井，并给煤矿建设和生产带来不利影响和灾害的事件。煤矿水害的形成和发生是建立在特定的环境和条件之上的。在分析和判断煤矿水害发生原因及其特点时，必定会涉及以下三个问题：

（1）矿井充水水源是否存在，如果存在，有何特征？

（2）矿井充水途径（通道）是否存在，如果存在，属于何种类型？

（3）充水强度如何，矿井一旦充水会造成怎样的后果？

事实上，矿井充水水源、充水通道和充水强度的存在与否决定了矿山水害产生的条件存在与否，三者的不同组合会产生不同类型的矿井水害，只有同时搞清了矿井水害形成的三个条件及其各自的性质之后，才能制定出切合实际的、行之有效的防治水技术方法和工程实施方案。因此，把三者结合起来进行系统的分析研究是矿床水文地质条件勘探的中心任务，也是矿井防治水最基础、最重要的工作。

一、矿井充水水源

在不同地质、水文、气候和地形条件下会形成不同类型的矿井水害充水模式，具有不同类型的矿井充水水源。矿井充水水源一般包括大气降水、地表水、地下水和老空区积水四大类型。不同的水源具有不同的特点和影响因素，会引发不同的矿井充水模式，产生危害不等的矿井水害。

（一）大气降水

大气降水是地下水的主要补给来源，严格来说，大气降水是一切矿坑充水的初始来源。它既可以作为矿井充水的直接水源，也可以成为矿井充水的间接水源。

1. 大气降水作为矿井充水水源的类型

（1）直接充水水源

当大气降水作为矿井的直接充水水源时，大气降水往往是矿井涌水的唯一水源。通常有以下几种情况：

1）煤层埋藏较浅，煤层的上覆岩层中空隙较发育且有利于大气降水入渗。

2）煤层埋藏较浅，地表与煤层之间存在断层、构造裂隙式导水通道。

3）煤层埋藏较浅，在煤层附近存在岩溶陷落柱或落水洞式导水通道，大气降水可通过塌陷洞进入矿井。

4）地表形成采煤沉陷区，大气降水可以通过采煤形成的垮落断裂带及原来存在于煤层上覆地层中的裂隙、断层等导水通道直接进入矿井。

5）露天开采条件下，大气降水一部分直接进入矿坑，一部分渗入地下通过露天边坡渗入矿坑。

（2）间接充水水源

大气降水通过孔隙、裂隙、溶隙或断层等各种途径，首先补给煤层的直接或间接充水含水层，转化为地下水，其次再通过这些含水层或与含水层有水力联系的各种导水通道进入矿井。对于这种情况，大气降水往往不是矿井涌水唯一和直接的水源。

2. 影响矿井涌水量的因素

矿井涌水量是诸多影响因素的综合反映，对于以大气降水为主要充水水源的矿井，影响矿井涌水量的主要因素有气候条件、地貌条件和导水通道性质等。

（1）气候条件

影响矿井涌水量的气候条件主要包括大气降水的分布、强度、气温和蒸发量。通常，降水量、降水强度、降水的连续性、降水前包气带的含水量等因素的综合作用直接影响矿井涌水量的大小。

1）降水强度与地下入渗速率相适应，造成时间较长的降水，最有利于对地下水的补给，相应的矿井涌水量也较大。

2）降水强度过大的暴雨，由于降雨集中、延续时间短，雨水来不及下渗便形成地表径流而迅速流走，因此其对矿井的有效补给量相对较少，矿井涌水量也较小。

3）时间上不连续、降水强度不大的小雨，大部分降水被消耗于气温的蒸发和对包气带的润湿，对地下水的补给及矿井涌水量几乎没有影响。

（2）地貌条件

影响矿井涌水量的地貌条件主要有地表汇水地形和入渗条件。

1）地表汇水地形。

根据地表汇水、滞水条件，地表汇水地形可分为三种：汇流地形、散流地形和滞流地形。

①汇流地形：指一些面积较大的低洼谷地，它可以长时间汇集大量降水，最有利于对矿井水的入渗补给。

②散流地形：指坡度大、地表切割深的山坡和山脊，它最不利于对矿坑水的入渗补给。

③滞流地形：指坡度小、地形起伏不大的平地或台地，它对矿坑水的入渗补给程度介于前两者之间。

2）入渗条件。

入渗条件与地表植被发育情况、表土层厚度和空隙率密切相关，地表植被发育、表土层厚且松散的地区，大气降水大量入渗表土，滞流流动时间长，地表径流量小，利于对矿坑水的补给。反之，则不利于对矿坑水的补给。

（3）导水通道性质

大气降水充水的导水通道主要有裂隙、断层及塌陷洞，不同的导水通道会产生不同的矿井充水形式。裂隙型导水，往往形成淋水、渗水等充水形式，一般水量小，不具备突发性，不会造成淹井或人员伤亡，但影响煤矿生产的工作环境、劳动效率，增加矿井排水量。断层和塌陷洞型导水，往往在大雨过后，充水水量剧增，迅速造成矿井溃水、溃砂，突发性强，滞后时间短，可能造成淹没矿井、采区或采煤工作面，甚至人员伤亡的事故。

实际生产过程中，以上各因素往往不是单独作用的，它们会以不同的组合产生不同的矿井充水形式，造成不同的矿井灾害。因此，在矿井防治水工作中，务必综合考虑各影响因素，做出符合实际情况的判断。

3. 矿井涌水量的特点

大气降水充水型矿井，其涌水量受降水强度、年降水量的分布及区域气候的控制，表现出如下特点：

（1）矿井涌水量主要受大气降水强度的控制。通常情况下，大气降水强度与矿井涌水量成正比。矿井涌水过程与大气降水过程几乎同步，滞后时间较短。

（2）矿井涌水量动态与当地大气降水量动态变化呈正相关变化，表现出明显的季节性变化和多年周期性变化的特点。

（3）矿井涌水量具有明显的区域差异。我国南方降水丰沛，矿井涌水量普遍较大；而降水量小的北方，其矿井涌水量也较小，西北地区则更小。

（二）地表水

当井田范围内及其附近存在较大地表水体，而这些水体的标高高于煤层开采标高，且与煤层或其含水围岩之间有水力联系时，地表水就有可能成为充水水源进入矿井。地表水充水水源有江河水、湖泊水、水库水、渠道水、池塘水和海洋水等。地表水体能否构成矿井充水水源，关键在于水体与矿井之间是否存在导水通道。常见的导水通道有天然导水通道和人工导水通道。

当地表水成为矿井充水水源时，它对矿井的充水程度取决于地表水体的性质、地表水与地下水之间联系的密切程度、导水通道的过水能力、地表水体的补给能力等。

1. 地表水体的特性

地表水体有常年连续性与间断性水体之分，当常年性地表水体作为矿井充水水源时，一般补给充沛、连续，涌水量往往也较大，并且还具有常年和多年连续稳定变化的特点。间断性水体的主要代表是季节性地表水体。季节性地表水矿井充水，由于受地表水体水位、水量、过水面积等季节性变化因素的影响，矿井涌水量具有显著的季节性变化特点。大气降水矿井充水主要受矿区附近的降水与汇水影响；而季节性地表水体矿井充水除受矿区附近大气降水影响外，还会汇集流域上游大范围的降水，从而增加了大气降水对地表水体的影响强度，延长了影响时间，致使矿井涌水量的动态变化具有雨季变幅相对增强、雨后衰减过程相对延长的特点。渠道是间断性人工地表水体，其矿井充水特点表现为渠道过水、矿井涌水、渠道停水，矿井涌水也随之停止。

地表水体的规模越大，水体的水位越高，产生的充水水压也大，并且水面面积大，导水通道也有可能增多，致使矿井涌水量大而稳定，不易疏干。

2. 导水通道的过水能力

导水通道的过水能力主要受通道断面面积和所承受水压的影响，不同类型的导水通道，过水能力差别很大。在所承受的水压一定时，裂隙型导水通道充水的突发性和危害性相对较小；而张性断层、岩溶塌陷洞、防水隔水煤柱的击穿、小煤矿的导通，充水的突发性和危害性相对较大，往往造成短期内采面、采区或矿井被淹。当导水通道承受高水压时，充水的突发性和危害性往往也较大。

3. 地表水体距矿床的距离

只有地表水体的标高高于煤层的开采标高才构成地表水矿井充水的基本条件，否则地表水不可能进入矿井。在存在这一基本条件的前提下，地表水体距矿体越近，矿井涌水量也越大。

因此，在矿井水文地质工作中，应对矿区的水文地质条件，地表水体的分布、规模、标高、动态特征，与矿体、围岩和导水通道的关系等进行详细的调查研究，将可能由地表水体造成的矿井突水灾害损失降到最低。

（三）地下水

地下水是指储存于地下岩层空隙中的水。根据岩层中储水空隙类型的不同可分为松散层中的孔隙水、砂质岩层中的裂隙水和碳酸盐岩层中的溶隙水三种基本类型，并且相应地将这些储水岩层称为含水层。

地下水作为矿井充水的水源，可分为直接充水水源、间接充水水源和自身充水水源三种基本形式。

1. 直接充水水源

直接充水水源是指煤矿生产过程中，井巷揭露或穿过的含水层和煤层开采后垮落断裂带及底板突水等直接向矿井进水的含水层。常见的直接充水水源含水层有矿层的直接顶板含水层、直接底板含水层、露天开采剥离的上覆含水层或采掘工程直接穿越的含水层。直接充水水源含水层中的地下水，只要有发掘工程的揭露，就直接进入矿井，形成矿井涌水，而不需要导水通道的导入。

2. 间接充水水源

间接充水水源是指含水层不与矿体直接接触而分布于矿体周围的充水水源。常见的间接充水含水层的基本类型有矿层的间接顶板含水层、间接底板含水层和间接侧帮含水层。间接充水含水层中的水必须由某种导水通道穿越隔水围岩，才能作为充水水源进入矿井，形成矿井涌水。

3. 自身充水水源

自身充水水源是指矿体本身就是含水层，一旦进行开采，储存其中的地下水或其补给水源的水就直接进入矿井，形成矿井涌水。这种类型的矿井充水水源并不是普遍可以见到的，往往在一些特殊水文地质条件下才能形成，如水体直接超覆于矿体露头之上便可形成这种类型的充水水源。

（四）老空区积水

老空区积水是指矿体开采后，封存于废弃的采矿空间的水。按照积水的采矿空间不同，老空水可分为老窑积水、生产矿井采空区积水和废弃巷道积水。

我国矿产开发历史悠久，在许多矿区浅部，以及正在生产的矿井的周边或邻区，分布有许多关闭或废弃的小煤窑或矿井，这些矿井已停止排水，积存了大量的地下水。它们像一座座隐藏的“水库”一样分布于生产矿井的周围，当现在的生产矿井遇到或接近它们时，这类水体通过某种通道或诱发因素进入生产矿井，便形成了老空积水充水水源。老空积水属静储量，具有一定的静水压力，因此其充水突发性强、来势猛、持续时间短、有害气体含量高、对设备腐蚀性强，对人身伤害大。如果老空积水与地表水或地下水发生水力联系并接受补给，一旦发生突水，也可能持续较长时间，并且不易被疏干。

对于一些开采历史较早的老矿区，老空区积水是不可轻视的充水水源。

二、矿井充水通道

连接充水水源与矿井之间的过水路径称为矿井充水的导水通道。它和矿井充水水源共同构成了矿井充水的两个基本因素。根据导水通道的成因可将矿井充水通道划分为天然和人工通道两大类。

（一）天然充水通道

所谓天然充水通道，是由地质应力作用天然形成的，在采矿活动之前已经存在 于地质体中的通道，如断层、级隙、溶洞等。根据通道的形态特征将其划分为点状岩溶陷落柱、线状构造断裂带、窄条状隐伏露头、面状裂隙网络，以及地震裂隙等。

1. 点状岩溶陷落柱型通道

岩溶陷落柱是指埋藏在煤系地层下部的巨厚可溶岩体，在地下水溶蚀作用下，形成巨大的岩溶空洞。在地质构造力和上部覆盖岩层的重力长期作用下，有些溶洞和覆盖在其上部的煤系地层发生坍塌，充填于溶蚀空间中，由于这种塌陷呈圆形或不规则的椭圆形柱状体，故称为岩溶陷落柱。

我国岩溶陷落柱多发育于北方石炭二叠系煤田，如开滦、峰峰、焦作、鹤壁、淮南、邢台、晋城、济宁、肥城、韩城、徐州、新汶等矿区，而南方矿区少见。岩溶陷落柱的导水形式呈现多样化，按其充水特征可分为不导水陷落柱和导水陷落柱两种类型。岩溶区水文地质条件一般比较复杂，岩溶陷落柱发育分布的控制因素较为复杂，研究岩溶陷落柱的关键在于掌握岩溶发育规律、岩溶水的特性及地质构造发育情况。

2. 线状构造断裂带型通道

按照构造断裂的发育规模可将其分为节理和断层两类，这些构造断裂一方面提供地下水的储存空间，成为矿井充水的水源；另一方面提供地下水的运动空间，成为矿井充水的导水通道。

矿区含煤地层中存有数量不等的断裂构造，使断裂附近岩石破碎、移位，破坏了地层的完整性，成为各种充水水源涌入矿井的通道。构造断裂带、接触带地段岩层破碎，裂隙、岩溶较发育，岩层透水性强，常成为地下水径流畅通带。当矿井井巷接近或触及该地带时，地下水就会涌入矿井，使矿井涌水量骤然增大，严重时可造成突水淹井事故。

构造断裂能否形成导水通道及其导水能力，与断裂的力学性质、两盘的岩性、两盘岩层的接触关系及水文地质特性有着密切关系。一般认为，张性断裂的透水性较强，压性断裂的透水性较弱，扭性断裂的透水性介于两者之间。断层的透水性与其两盘岩石的透水性相一致，当两盘为脆性可溶岩石时，次级断裂和岩溶溶洞、溶隙发育，具有良好的透水性；当两盘为脆性不可溶岩石时，断层两侧往往进行张性牵引裂隙发育，具有较好的透水性；当两盘为塑性岩石时，断层面闭合，断层两侧裂隙不发育，断层带被透水性差的泥质成分充填，透水性较弱，甚至不透水。断层的透水性还与其两盘岩石的接触关系有关，含水层与含水层接触，断层就导水；含水层与隔水层接触，断层导水性差；含水层与矿层接触，含水层的水就可以直接补给矿层。

断层能否成为涌水通道、能否导水与断层形成时的力学性质、受力强度、断层两盘和构造的岩性特征，断层带充填物和胶结物的性质、胶结程度，以及后期破坏和人为作用等因素有关。由于断层的性质、产状、规模存在空间差异，断层的不同部位两盘岩层具有不同对接关系，承受的应力状态也不同，使断层的水文地质性质具有明显的局部性和方向性。因此，在探测、分析和研究断层水文地质特性时，要整体与局部相结合，综合考虑各影响因素，做出整体和分区评价。切记不要轻易地将某条断层看作透水断层，或隔水断层；储水断层，或不储水断层。

3. 窄条状隐伏露头型通道

我国大部分煤矿煤系地层灰岩充水含水层、中厚砂岩裂隙充水含水层及巨厚层的碳酸盐充水含水层呈窄条状的隐伏露头与上覆第四纪松散沉积物地层呈不整合接触。多层充水含水层组在隐伏露头部位垂向水力交替补给的影响因素主要有两个：基岩风化带的渗透能力大小；二是上覆第四纪底部卵石孔隙含水层组底部是否存在较厚层的黏性土隔水层。

4. 面状裂隙网络型通道

根据含煤岩系和矿床水文地质沉积环境分析，华北型煤田的北部，煤系含水层组主要以厚层状砂岩裂隙充水含水层组为主，薄层灰岩沉积较少。在含水层组之间往往沉积了以粉细砂岩、细砂岩为主的脆性隔水层组，在地质历史的多期构造应力作用下，这些脆性的隔水岩层在外力作用下以破裂形式释放应力，致使隔水岩层产生了不同方向的较为密集的裂隙和节理，形成了较为发育的呈整体面状展布的裂隙网络。这种面状展布的裂隙网络随着上、下充水含水层组地下水水头差增大，以面状越流形式的垂向水交换量也将增加。

5. 地震通道

长期观测资料表明，地震前区域含水层受张应力作用时，区域地下水水位下降，矿井涌水量减少。当地震发生时，区域含水层压缩，区域地下水水位瞬时上升数米，矿井涌水量瞬时增加数倍。强烈地震过后，区域含水层逐渐恢复正常状态，区域地下水水位逐渐下降，矿井涌水量也逐渐减少。震后区域含水层仍存在残余变形，所以矿井涌水在很长时间内不能恢复到正常状态。矿井涌水量变化幅度与地震强度成正比，与震源距离成反比。

（二）人工充水通道

所谓人工充水通道，是由资源勘探、开发工程引起的，包括顶板垮落断裂带、地面岩溶塌陷带、封孔质量不佳钻孔等。

1. 顶板垮落断裂带

煤层被开采后形成采空区，在采空区上方岩层的重力和矿山应力作用下，岩层发生变形、移动、破坏，形成弯曲、断裂、离层和碎块状岩石垮落。由于受煤层顶板的岩性及其组合，采矿和顶板控制方法，煤层厚度、产状、开采厚度和深度，采空区空间形态与结构，以及岩石受力状态等诸多因素影响，顶板岩石产生不同程度的变形破坏特征。根据采空区上方的岩层变形和破坏情况的不同，可划分出三个不同性质的变形或破坏带：垮落带、断裂带和弯曲带，如图 3-1 所示。

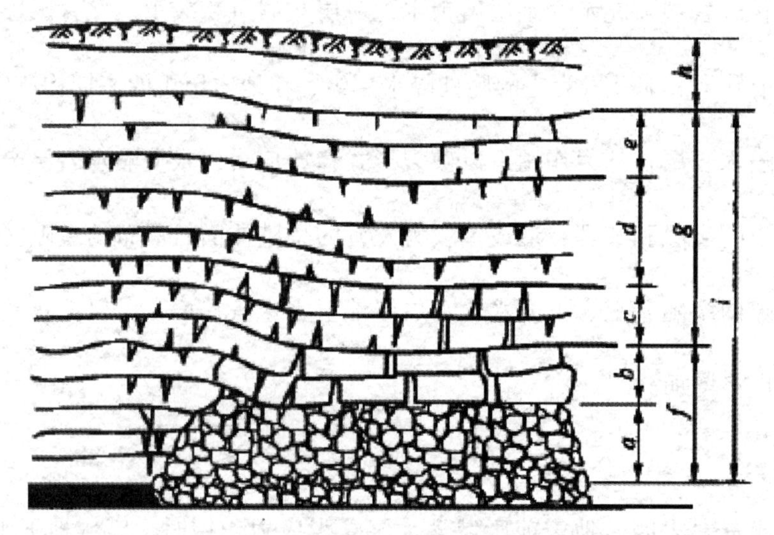

a- 不规则垮落带；b- 规则垮落带；c- 严重断裂带；d- 一般开裂带；
e- 微小开裂带；f- 垮落带；g- 断裂带；h- 弯曲带；i- 垮落断裂带

图 3–1 顶板破坏分带示意图

（1）垮落带

垮落带是指自回采工作面放顶始至基本顶第一次垮落后直接顶板垮落破坏的岩层带，据垮落带岩石破坏程度和岩块堆积特征，可进一步将垮落带自下而上分为不规则垮落带和规则垮落带。垮落带岩块间孔隙多且大，透水性和连通性俱佳，如果垮落带高度达到上部水体或上覆含水层，往往导致上部水体或顶板水的突入，当上覆含水层为第四纪松散含水层时，不但会形成突水，还会引起溃砂和地面塌陷等严重地质、环境灾害。

（2）断裂带

断裂带是指规则垮落带以上大量出现的断裂、切层或离层的发育带。该带自下而上岩层破坏程度由强变弱，可分为三带：①严重断裂带，岩层大部分断开，但仍保持原有层次，裂隙间连通性好，漏水严重；②一般开裂带，岩层不断开或很少断开，裂隙间连通性较好，漏水；③微小开裂带，岩层有微小裂隙，连通性不好，漏水微弱。当顶板岩层的岩性及其组合复杂多变时，上述各带发育会不均匀。断裂带一般具有较强的导水能力，但基本不漏砂。

（3）弯曲带

弯曲带是指断裂带以上岩体发生弹塑性变形或整体剪切而形成的整体弯曲下沉或沉降移动带。该带岩层整体弯曲下落，一般不产生裂隙，导水能力与采矿前相比基本没有多大变化。

在矿井防治水工作中，常把采煤工作面顶板划分成两带：垮落断裂带和弯曲带。垮落断裂带是把垮落带和断裂带合并而成，该带岩石破碎、断裂发育，导水能力强，故又称导水断裂带。当垮落断裂带达到上覆含水层或上部水体时，便沟通了采空区与上覆含水层或上部水体的水力联系，造成矿坑突水。

2. 地面岩溶塌陷带

地面岩溶塌陷是指覆盖在溶蚀洞穴之上的松散土体，在外动力或人为因素作用下产生的突发性地面变形破坏，多形成圆锥形塌陷坑。它是地面变形破坏的主要类型，多发生于碳酸盐岩、钙质碎屑岩和盐岩等可溶性岩石分布地区。激发塌陷活动的直接诱因除降雨、洪水、干旱、地震等自然因素外，往往与抽水、排水、蓄水和其他工程活动等人为因素密切相关，而后者往往规模大、突发性强，因此危害性大。随着抽放水及其开采活动的展开，煤矿区及其周围地区的地面岩溶塌陷随处可见，地表水和大气降水通过塌陷坑直接透入井下，有时随着通道的存在极易引起第四纪孔隙水、地表水大量下渗和倒灌，对矿井安全生产造成极大的威胁。地面塌陷在时间上具有突发性，空间上具有隐蔽性，研究矿区塌陷规律，对评价石灰岩含水层充水条件及对煤层生产的影响具有重要意义，对其预测预报已成为当前的前沿课题。近年来，应用 GIS 技术中的空间数据管理、分析处理和建模技术对潜在塌陷危险性进行预测，预测效果良好。

我国对岩溶塌陷的防治工作开始于 20 世纪 60 年代，已经形成了一套比较完整的评价和预测方法，目前国内主要采用经验公式法、多元统计分析法，也可根据岩溶类型、岩溶发育程度、覆盖层厚度和覆盖层结构，进行岩溶塌陷预测与判定。防治的关键是在掌握矿区和区域塌陷规律的前提下，采取以早期预测，预防为主、治理为辅，防治结合的办法。

塌陷前的预防措施主要包括：合理安排厂矿企业建设总体布局；河流改道引流，避开塌陷区；修筑特厚防洪堤；控制地下水位下降速度和防止突然涌水，以减少塌陷的发生；建造防渗帷幕，避免或减少预测塌陷区的地下水位下降，防止产生地面塌陷；建立地面塌陷监测网。

塌陷后的治理措施主要包括：塌洞回填；河流局部改道与河槽防渗；综合治理。

3. 封孔质量不佳钻孔

由于矿区钻孔封孔质量不佳，这些钻孔可能转变为矿井突水的人为通道。当掘进巷道或采区工作面接触这些封孔不良钻孔时，煤层顶底板充水含水层地下水将沿着钻孔进入采掘工作面，导致矿井涌（突）水事故。

三、矿井充水强度

在煤矿生产中，把地下水涌入矿井内水量的多少称为矿井充水程度，用来反映矿井水文地质条件的复杂程度。通常利用矿井充水强度来分析确定充水含水层，区分强、弱充水含水层组。

（一）矿井充水强度的表示方法

通常用含水系数来表示生产矿井的充水强度，用矿井涌水量来表示基建矿井的充水强度。

1. 含水系数

含水系数又称富水系数，是指生产矿井在某时期排出水量 Q（m^3）与同一时期内煤炭产量 P（t）的比值。通常用 KB（即吨煤排水量）来表示，计算公式如下：

$KB=Q/P$

根据含水系数的大小，将矿井充水程度划分为四个等级：

（1）充水性弱的矿井：$KB < 2m^3/t$；

（2）充水性中等的矿井：$KB=2\sim5m^3/t$；

（3）充水性强的矿井：$KB=5\sim10m^3/t$；

（4）充水性极强的矿井：$KB > 10m^3/t$。

2. 矿井涌水量

矿井涌水量是指单位时间内流入矿井的水量，通常用 Q 表示，单位为 m^3/d、m^3/h、m^3/t。根据涌水量的大小可将矿井分为四个等级：

（1）涌水量小的矿井：$Q=100m^3/h$；

（2）涌水量中等的矿井：$Q=100\sim500m^3/h$；

（3）涌水量大的矿井：$Q=500\sim1000m^3/h$；

（4）涌水量极大的矿井：$Q > 1000m^3/h$。

（二）影响矿井充水量大小的因素

影响矿井充水量大小的因素主要包括充水岩层的出露条件和接受补给条件、矿井水文地质边界条件和地质构造条件等。

1. 充水岩层的出露条件和接受补给条件

充水岩层的出露条件包括出露面积和出露的地形条件。出露面积即接受外界补给水量的范围，出露面积越大，则吸收降水和地表水的渗入量就越多，反之越少；出露的地形条件即出露的位置、地形的坡度及形态等，它关系到补给水源的类型和补给渗入状况。

充水岩层接受补给的能力越强，出露程度越高，矿区范围内覆盖层的透水性越强，补给水源接触面积越大，矿井充水越强，涌水量越大。

2. 矿井水文地质边界条件

矿井水文地质边界条件由侧向边界和顶底板条件组成，对矿井地下水的补给水量起着控制作用。

（1）矿井的侧向边界条件

侧向边界条件是指矿井内煤层或含水层与其周围的岩体、岩层、地表水体等接触的界面。按边界的过水能力可分为供水（透水）边界、隔水边界和弱透水边界等。矿井的周边大多由不同边界组合而成，它们的形状、范围、水量的出入直接控制了矿井的涌水量。

若矿井的直接充水含水层的四周均为透水边界，在相应开采条件下，区域地下水或地表水可通过边界大量流入矿井，供水边界分布范围越大，涌入的水量越多、越稳定。若矿井的周边由隔水边界组成，则区域地下水与矿井失去水力联系，开采时涌水量则较小，即使初期涌水量较大，也会很快变小，甚至干涸。

（2）煤层顶底板条件

1）煤层及其直接顶底板的隔水或透水条件。一般情况下包括以下三种组合方式：一是底板为稳定隔水层，煤层或直接充水含水层仅能从大气降水或地表水通过盖层或“天窗”补给，此时水量依赖于降水入渗量及地表水“天窗”补给量；二是顶板为隔水层、底板为弱透水层，矿井涌水量仅取决于下部含水层的越流量；三是顶底板均为隔水层，降水入渗量及侧向边界补给量等均会成为矿井涌水量。

2）顶底板的隔水能力。当煤层上覆和下伏有强含水层或地表水体时，则顶底板的隔水能力是影响矿井充水的主要因素，并取决于隔水层的岩性、厚度、稳定性、完整性和抗张强度。

3. 地质构造条件

构造的类型（褶皱或断裂）和规模，对矿井充水强度起着控制作用，褶皱构造往往构成承压水盆地或斜地储水构造，构造类型的不同，则充水含水层的分布面积、空间位置，以及补、径、排条件也有区别，从而矿井充水强度也不一样。大型储水构造往往构成一个独立的水文地质单元，不仅充水含水层厚度大，而且分布广，则接受降水或其他水压的水量多，反映其排泄量大，矿区总排水量大，矿井突水量大，水文地质条件复杂；反之，则相对简单。

（三）矿井充水的关键性条件分析

通过对矿山调查资料的分析表明，矿床开采后矿井充水强度除取决于充水含水层组的富水性、导水性、厚度和分布面积外，还取决于以下三个重要因素：一是充水含水层组出露和接受补给水源的条件；二是充水含水层组侧向边界的导水与隔水条件；三是矿层顶底板岩层的隔水条件。

1. 充水含水层组出露和接受补给水源的条件

矿井充水含水层组出露和接受补给水源的条件可划分为五种情况：

（1）矿区位于山前地带，煤系地层与煤系充水含水层大面积被第四纪黏土、亚黏土层覆盖。

（2）矿区位于平原地区，煤系地层与煤系充水含水层大面积与第四纪砂砾石含水层直接接触，矿床开采时由于第四纪砂砾石含水层强烈充水，形成拟定水头强渗透边界，矿井涌水较大。

（3）煤矿床、煤系地层与煤系充水含水层位于湖底下。该类矿床开采实际就是水体下煤层开采。为了防止湖水溃入井下，矿床开采时湖底煤系地层需留设防水安全煤柱。另外，矿床开采过程中需要严格控制煤层顶板垮落带和导水断裂带的发育高度和保护煤柱。

（4）一般矿床，井田范围内无第四纪松散覆盖沉积层和地表水体分布，煤系地层直接出露地表。

（5）矿床分布于季节性河流下部，季节性河流成为矿床开采的季节性充水水源。

2. 侧向边界的导水与隔水条件

为了便于叙述，这里以直接充水矿床侧向边界导水、隔水条件为例，分析不同性质的水力边界对矿床充水强度的影响。

直接充水矿床是指矿井煤层直接顶底板均为充水含水层的矿床（体）。矿床充水强度的强弱与直接充水含水层本身的富水性、渗透性等有关，直接充水含水岩层的侧向边界导隔水性也是决定其矿床充水强度的一个重要因素，侧向水力边界的封闭程度是评价直接充水矿床充水强度的一个重要指标。矿床开采后，煤系直接充水含水岩层经长期疏降，其地下水静储量很快被疏干。充水含水岩层能否长期充水，则取决于其边界的水力性质。当周围为强补给边界时，则充水含水岩层很难被疏干，它将长期充水；但当侧向水力边界为弱透水或完全隔水边界时，矿床开采后充水含水岩层将被疏干，不会威胁矿井安全生产。

3. 矿层顶底板岩层的隔水条件

（1）隔水顶板

顶板岩段的防隔水性能主要取决于下列因素：

1）煤层顶板岩段的厚度、岩性、岩性组合、岩性的垂向分布位置和稳定性。

2）煤层顶板岩段断裂构造的分布情况。

3）煤层顶板岩段的破碎、抗张强度等因素。

一般无断裂构造分布、顶板岩段完整、沉积厚度大于垮落断裂带发育高度的煤层顶板为防隔水性较强的安全顶板。

（2）隔水底板

我国北方的华北型石炭二叠纪煤田及铝土、黏土矿等均属奥（寒）灰岩溶水底板充水矿床；南方的龙潭煤系下组煤，属茅口灰岩岩溶水底板充水矿床。岩溶水底板充水矿井在开采矿床时，在高水头承压水压力及矿压等因素的联合作用下，易导致大型或特大型的底板岩溶突水灾害，给矿山安全开采带来极大困难。

矿床底板突水是一个非常复杂的非线性动力学突变问题，在相同水头压力和矿压的作用下，煤层底板防隔水性主要取决于隔水岩段的岩性、岩性组合、隔水岩段厚度、稳定性及断裂构造的发育情况等。

1）煤层底板突水与煤层底板岩段的岩性和岩性组合的关系。

华北型石炭二叠纪煤田的煤层底板隔水岩段，一般情况下主要由四种岩性组成，即砂泥岩、泥岩、铝土岩、铁质岩（含铁砂岩及铁矿层）。就隔水性而言，泥岩＞铁质岩＞铝土岩＞砂岩；但就相对密度和抗张强度来看，铁质岩＞铝土岩＞砂岩＞泥岩。综合各因素，各岩性层的防隔水性能等级可划分为铁质岩＞铝土岩＞泥岩＞砂岩。

自然界中煤层底板岩段组成往往不是单一岩层，而是由集中不同岩层相互组合，呈互层状出现。由铁质岩、铝土岩和泥岩互层组合的煤层底板岩段，其隔水性能较好，防隔水能力较强；由铁质岩、铝土岩和砂岩组合的煤层底板岩段，虽然其抗张强度较高，但防隔水性能较差。由此可见，煤层底板岩段的防隔水性不仅取决于底板岩段的岩性，而且与煤层底板岩段的岩性组合有很大关系。

2）煤层底板突水与煤层底板岩段沉积厚度的关系。

华北型煤田各大矿区，山西组和太原组等上部煤层已大部分安全回采，但随着下组煤层回采和上组煤层开采深度的逐渐加大，各大矿区均发生了严重的底板突水淹井事故。例如，峰峰、平顶山、焦作等矿区在下三层煤开采过程中，均受到了煤层底板奥（寒）灰水的严重威胁，其原因就是下部煤层距离奥（寒）灰强岩溶充水含水层距离太近。由此可知，随着煤层底板隔水岩段厚度减小，煤层底板防隔水性能将逐渐减弱。

3）煤层底板突水与煤层底板岩段断裂构造发育程度的关系。

煤层底板是否发育有断裂构造，尤其是张性断裂，是影响煤层底板岩段的防隔水性能的主导因素。

第二节　矿井水文地质条件探测

一、概述

矿井水文地质条件探测是指在矿井生产过程中进行的水文地质条件探测。从探测的阶段性来说，它属于矿井水文地质条件补充探测的范畴；从探测的目的性来说，它属于矿井水害防治的范围，具有对矿井水害预测、预警的作用。

（一）矿井水文地质条件探测的类型划分

1. 根据勘探阶段和范围划分

（1）矿区水文地质条件勘探

矿区水文地质条件勘探主要发生在矿井建设和生产之前，为矿井规划和设计提供水文地质基础资料，勘探工程一般布置在地表且和资源、地质勘探工程结合起来开展。

（2）采区水文地质条件勘探

采区水文地质条件勘探一般发生在矿井建设和生产过程中，为采区布置、采区拓展和采区具体防治水措施制定提供相关资料。该类水文地质勘探一般是基于区域水文地质勘探资料成果而进行的局部性补充勘探，勘探工程一般根据矿井开拓和开采工程实行井上、下联合勘探方式。

（3）工作面水文地质条件勘探

工作面水文地质条件勘探是指在特定的工作面开拓或回采之前所进行的为工作面水害安全评价和制定防治水措施而进行的水文地质勘探工作，该类勘探工程一般立足于井下。

2. 根据勘探目标与任务划分

（1）主要充水水源含水层勘探

主要充水水源含水层勘探是指为了查明影响矿井主要煤层开采过程中充水水源而进行的专项水文地质勘探。主要任务是查明充水水源的位置、空间分布、富水性、补给条件及其与矿体之间的位置与接触关系，为矿井涌水量评价和实施疏降水开采的可行性论证提供基础资料。

（2）主要隔水层防突水能力勘探

主要隔水层防突水能力勘探是指针对煤层与含水层之间存在的隔水层而进行的专项地质勘探工作。主要任务是探明隔水层的厚度、分布及其稳定性、阻抗水压的能力、构造破碎特征及其分布、岩石力学性质及其不同性质岩层的组构关系等，为充分利用隔水层、加固改造隔水层实施带压安全采煤提供基础资料。

（3）特殊隐伏导水构造的勘探

特殊隐伏导水构造的勘探是指针对沟通煤层与含水层之间的可以产生地下水流动

的断层、陷落柱、断裂破碎带、封闭不良钻孔等隐伏导水构造而进行的专门勘探工作。主要任务是为设计防治突发性突水灾害预案提供基础资料。

（二）矿井水文地质探测的主要内容及要求

矿井水文地质探测的主要内容是查明矿井水文地质条件及其地下水与矿山建设和生产活动之间的关系，为不同目的、在不同阶段进行的矿井水文地质勘探的内容和要求有所不同。

1. 区域水文地质勘探的主要内容

（1）查明和控制矿区区域水文地质条件，确定矿区所处的水文地质单位的位置，详细查明矿区发育的主要含水层及各个含水层地下水的补给、径流、排泄条件，区域地下水对矿区的补给关系，矿区地表水系及气象因素与地下水的相互关系及其相互影响。

（2）查明矿区含（隔）水层的岩性、厚度、产状、分布范围、边界条件、埋藏条件、含水层的富水性，矿床与顶、底板含水层之间隔水层的厚度及稳定性。着重查明矿区主要充水含水层的富水性、渗透性、水位、水质、水温、动态变化及地下水流场的基本特征，特别是要查明矿床顶底板隔水层所承受的静水头压力，确定矿区水文地质边界位置及其水文地质性质。

（3）详细查明矿区及附近对矿井充水有较大影响的构造破碎带的位置、规模、性质、产状、充填与胶结程度、风化及溶蚀特征、富水性和导水性及其变化、沟通各含水层，及地表水之间相互补给关系的程度，明确构造破碎带及其可能诱发的引起突水的地段，提出开采中对构造水防治方案的建议。

（4）详细查明对矿床开采有影响的地表水的汇水面积、分布范围、水位、流量、流速及其季节性动态变化规律，历史上出现的最高洪水位、洪峰流量及淹没范围。详细查明地表水对井巷可能的充水方式、地段和强度，并分析论证其对矿床开采的影响，提出开采过程中对地表水防治方案的建议。

（5）对于矿层与含（隔）水层多层相间的矿床，应详细查明开采矿层顶底板主要充水含水层的水文地质特征和隔水层的岩性、厚度、稳定性和隔水性，不同含水层之间的水力联系情况，断裂与裂隙发育程度、位置、导水性及沟通各含水层的情况，分析不同的采矿方式对隔水层可能出现的破坏情况。当深部有强含水层或采区地表有水体时，应查明主要充水的中间含水层从底部或地表获得补给的途径和部位。

（6）对已有多年开采历史的老矿区，应重点查明废弃矿井、周边地区小煤窑、已经采掘的老空区的分布位置、范围、埋藏深度、积水和塌陷情况，与地表及其他富含水的含水层之间的水力联系情况；大致圈定采空区，估算积水量，提出开采中对老空水防治的建议。

（7）对于深部开采的矿井，应详细查明主要充水含水层的富水性及导水断裂破碎带向深部的变化规律。对矿井采掘过程中可能出现的高地应力、高温热害、有毒气体等进行勘探和分析，初步查明地应力、地热场的成因、分布及其对矿床开采可能带来的影响。

2. 采区或工作面水文地质勘探的主要内容

（1）查明采区或工作面范围内含水层的富水性、补给条件及其重点富含水区段的分布规律及其控制因素。

（2）查明采区或工作面范围内存在的小规模隐伏导水构造，如断层、裂隙发育带、岩溶陷落柱等。当勘探区存在底板高压水含水层时，还应查明高压水在底板隔水层中的原始导升高度及其分布。当勘探区存在顶板第四纪含水层时，应查明第四纪底部存在的古冲沟、剥蚀冲刷带及其分布与展布规律。

（3）查明采区或工作面范围内顶底板隔水层厚度、岩性及其组合规律、稳定性、综合阻抗水压的能力及其所承受的实际水压力。

3. 对不同类型充水水源矿床水文地质探测应查明的问题

（1）孔隙充水矿床

应着重查明含水层的类型、分布、岩性、厚度、结构、粒度、磨圆度、分选性、胶结程度、富水性、渗透性及其变化；查明流砂层的空间分布和分布特征，含（隔）水层的组合关系，各含水层之间、含水层与弱透水层及与地表水之间的水力联系；评价流砂层的疏干条件及降水和地表水对矿床开采的影响，评价矿井开采疏水后对地表环境、水源地等工程与环境条件的影响。

（2）裂隙充水矿床

应着重查明裂隙含水层的裂隙性质、成因、规律、发育程度、分布规律、填充情况及其富水性；岩石风化带的深度和风化程度；构造破碎带的性质、形态、规模，与其他含水层及地表水的水力联系；裂隙含水层与其相对隔水层的组合特征。

（3）喀斯特充水矿床

应着重查明岩溶发育与岩性、构造等因素之间的关系，岩溶在空间的分布规律；岩溶空隙的充填程度和充填物胶结情况、岩溶发育随深度的变化规律、有无陷落柱存在及其导含水性，岩溶含水层中是否存在有多层水位及其间夹有相对隔水层等，地下水主要径流带及其分布规律。

对以溶隙、溶洞为主的岩溶充水矿床，应查明上覆松散层的岩性、结构、厚度或上覆岩石风化层的厚度、风化程度及其物理力学性质，分析在疏干排水条件下产生突水、地面塌陷的可能性，塌陷的程度与分布范围及对矿井充水的影响。对层状发育的岩溶充水矿床，还应查明不同含水层之间相对隔水层和弱含水层的分布。

对以暗河管道为主的岩溶充水矿床，应着重查明岩溶洼地、漏斗、落水洞等的位置及其与暗河之间的联系，暗河发育与岩性、构造等因素的关系，暗河的补给来源、补给范围、补给量、补给方式及其与地表水的转化关系，暗河入口处的高程、流量及其变化，暗河水系与矿体之间的相互关系及其对矿床开采的影响。

4. 不同类型充水方式的矿床应查明的问题

（1）含水层直接充水类型的矿床

应着重查明直接充水含水层的富水性、渗透性，地下水的补给来源、补给边界、补给途径和地段，直接充水含水层与其他含水层、地表水、导水断裂的关系。当直接充水含水层裸露出地表时，还应查明地表汇水面积及大气降水的入渗补给强度。

（2）含水层为顶板间接充水类型的矿床

应着重查明直接顶板隔水层或弱透水层的分布、岩性、厚度及其稳定性、岩石的物理力学性质、裂隙发育情况、受断裂构造破坏程度，研究和分析计算在不同的采高和采矿方式下煤层顶板导水断裂带发育高度和发育过程，分析计算导水断裂带与顶板间接充水含水层之间的连通关系和矿井通过顶板导水断裂带充水的水量。查明顶板隔水层中存在的导水断层、裂隙带及其空间分布等条件，分析主要充水含水层地下水通过构造进入矿井的地段及其可能的充水水量。

（3）含水层为底板间接充水类型的矿床

应着重查明承压含水层地下水的径流场特征，主要富水区段及其空间分布，主采煤层与含水层之间隔水岩层的岩性、厚度、组构关系及其变化规律，岩石的物理力学性质，岩层阻抗底板高压水侵入的能力，以及断裂裂隙构造对底板岩层完整性的破坏程度；分析论证煤层开采后对底板隔水层会造成的破坏和扰动及其可能诱发的突水条件，分析论证可能产生底鼓、突水的可能性及其分布地段。

二、矿井水文地质条件的探测方法

我国在水文地质条件探测方面积累了一定的经验，形成了一些较为成熟的探测技术方法，如直流电法、电磁法及三维地震法等。

（一）矿区区域水文地质条件的探测方法

矿区水文地质条件探测一般在矿井规划和设计阶段进行，此时对矿井水文地质条件的整体认识尚不全面和深入，在井下布置勘探工程的条件还不具备。根据该阶段勘探的内容和要求，目前常用的，且已被证明的有效方法如下：

（1）区域自然地理、地质与水文地质条件写实分析方法。

（2）化学勘探方法。

化学勘探技术主要是通过分析研究地下水的化学组成及其赋存和运移空间的地球化学环境信息而达到认识地下水补给、径流、排泄条件的目的。在矿区区域水文地质条件探测阶段最常用的化探方法如下。

①多元连通（示踪）试验技术与方法。

②氧化还原电位技术与方法。

③环境同位素技术与方法。

④水化学宏量及微量组分分析技术与方法。

⑤溶解氧分析技术与方法。

⑥水文地球化学模拟技术与方法。

（3）地球物理勘探方法。

地球物理勘探技术通过对矿区不同岩土体组分的物性差异、电性差异、磁性差异及传波性差异等的勘探和研究，进而达到研究和认识矿区地质结构、水文地质结构、主要构造的分布与特征、地层的富水性与导水性的目的。在矿区区域水文地质条件勘探阶段最常用的地球物理勘探方法如下。

①微流速测定技术与方法。

②矿井直流电法技术与方法。

③频率测深技术与方法。

④瑞利波地震勘探技术与方法。

⑤瞬变电磁技术与方法。

⑥槽波地震勘探技术与方法。

⑦高分辨率地震勘探技术与方法。

⑧探地雷达技术与方法。

（4）专门水文地质试验技术与方法。

专门水文地质试验通过人为地刺激和扰动地下水系统，并观测地下水系统在不同刺激和扰动条件下的响应和变化，进而达到分析和研究含水层的富水性、导水性、补给条件、不同含水层之间的水力联系、地质构造的导水性和隔水性等水文地质信息。在矿区区域水文地质条件勘探阶段，常用的专门水文地质试验技术方法如下。

①单孔或群孔抽水试验技术与方法。

②大口径钻孔集中强力抽水试验技术与方法。

③地下水位动态观测技术与方法。

④钻孔压水试验技术与方法。

⑤钻杆试验技术与方法。

⑥脉冲干扰技术与方法。

（5）水文地质条件定量模拟、计算和分析技术方法。

水文地质条件定量模拟、计算和分析，是对各种探测手段所获得的地质、水文地质信息进行集成、处理和研究的过程。通过该阶段的研究可达到对矿区水文地质条件的定量认识，从而为矿井设计和开发提供最终依据。常用的矿井水文地质条件定量模拟、计算和分析技术方法如下。

①地质统计与规律趋势分析技术与方法。

②相似条件比拟技术与方法。

③物理模拟技术与方法。

④计算机数值模拟技术与方法。

⑤地下水动力学解析计算分析技术与方法。

⑥电网络模拟技术与方法。

⑦人工智能与专家系统诊断技术与方法。

在运用上述方法对一个区域进行矿井水文地质条件勘探时，通常会根据具体条件和勘探要求选择几种经济上合理、技术上先进、操作上方便的方法并使之有机地结合，以达到实现勘探工程的目的与任务。

（二）矿井采区水文地质条件的探测方法

矿井采区水文地质条件探测是矿井在建设或生产过程中所进行的水文地质勘探活动，是矿区区域水文地质勘探的继续与深入。矿井采区水文地质勘探的基本任务是为矿井建设、采掘、开拓的延深，矿井改扩建，特殊目的、重点区段提供所需的水文地质资料，或为矿井开采某个特殊区段制定有针对性的防治水技术措施提供水文地质依据的勘探。它既可以验证和深化矿井区域水文地质勘探对井田（矿井）水文地质条件的认识，又可以根据矿井建设生产过程中遇到的特殊水文地质问题，充分利用矿井井下工程的有利条件，进行有针对性的矿井水文地质勘探，为矿井建设、生产、水平延伸和特殊区段防治水工作提供重要水文地质根据。常用的矿井采区水文地质条件勘探技术包括如下四个方面：

1. 井巷地质、水文地质条件分析

井巷地质、水文地质条件分析是通过对井下已经揭露的地质与水文地质现象进行观察、测量、统计、计算等的分析研究，实现认识和了解矿井水文地质条件的目的。

常用的井巷地质、水文地质条件分析方法如下：

（1）井巷地质现象与水文地质现象素描。

（2）井巷地质现象与水文地质现象摄影。

（3）矿井构造与裂隙测量、地质统计与地质作图。

（4）井下突水点水量、水压、水温、水化学组成及其动态变化规律的观测与分析。

（5）矿压及其他动力地质现象的观测与分析。

2. 井巷化探方法

井巷化探方法是通过对矿井已经揭露的井下出水点水的化学组成、化学性质的基本特点及其随时间变化规律的分析研究，达到认识突水点水的来源、含水层的补给条件、主要含水层之间的水力联系条件和主要导水通道的位置的目标，为预测矿井涌水量的变化趋势和选择合理的矿井水害治理技术提供重要依据。矿井采区或井下水文地质条件勘探中常用的井巷化探方法如下：

（1）矿井水特征水化学指标监测技术方法。

（2）矿井水水化学快速检测技术与方法。

（3）井下突水水源多元连通（示踪）试验技术与方法。

（4）氧化还原电位技术与方法。

（5）环境同位素技术与方法。

（6）水化学宏量及微量组分分析技术与方法。

（7）溶解氧分析技术与方法。

（8）水文地球化学模拟技术与方法。

3. 矿井地球物理勘探方法

矿井地球物理勘探技术主要是在井下进行不同岩土体组分的物性差异、电性差异、磁性差异、传波性差异等的勘探和研究，达到研究和认识矿区地质结构、水文地质结构、主要构造的分布与特征、地层的富水性与导水性的目的。矿井采区水文地质条件勘探中常用的地球物理勘探方法如下：

（1）钻孔与明渠微流速测定技术与方法。

（2）工作面顶底板音频电透视技术与方法。

（3）井下直流电法探测技术与方法。

（4）井下钻孔照相与窥视技术与方法。

（5）瞬变电磁探测技术与方法。

（6）瑞利波超前探测技术与方法。

（7）工作面坑透技术与方法。

（8）槽波地震勘探技术与方法。

（9）雷达超前探测技术与方法。

4. 井上下专门水文地质试验技术与方法

井上下专门水文地质试验是利用井下揭露的地质与水文地质环境，通过在井下施工的专门工程人为地刺激和扰动地下水系统，并利用井上下水文地质观测系统监测地下水系统在不同刺激和扰动条件下的响应和变化，有时候可直接运用井下出水点作为刺激和扰动条件进行专门水文地质观测和分析，进而达到分析和研究含水层的富水性、导水性、补给条件、不同含水层之间的水力联系、地质构造的导水件和隔水性等水文地质信息。采区水文地质条件勘探中常用的专门水文地质试验技术与方法如下：

（1）井下单个钻孔或群孔抽水试验技术与方法。

（2）井下单个钻孔或群孔防水试验技术与方法。

（3）主要充水含水层预疏水降压可行性试验技术与方法。

（4）地下水动态和水压动态监测技术与方法。

（5）钻孔压水试验和压浆试验技术与方法。

（6）工作面顶底板破坏规律与地下水侵入突出规律监测试验技术与方法。

（三）特殊水文地质“异常体”的探测方法

特殊水文地质“异常体”通常是指隐蔽性强、局部性强、生成与分布的随机性强、难以通过变化趋势与规律预测法预知的导水通道。常见的矿井水文地质“异常体”有断层、密集裂隙及陷落柱等构成的垂向导水通道。常用的探查方法如下：

（1）遥感技术与信息处理技术。

（2）高分辨率三维地震勘探技术。

（3）构造应力场模拟分析技术。

（4）构造变形与应变场模拟分析技术。

（5）地面电法勘探技术。

（6）岩相古地理分析技术。

（7）含水层水力条件与流网形态分析技术。

（8）隔水层阻水能力分析技术。

（9）地下水流场激发形态变化分析技术。

（10）地下水水化学场温度场模拟分析技术。

（11）离子示踪试验技术。

（12）综合相关分析技术与方法。

上述方法构成导水水文地质“异常体”探测的井上、下立体探测技术。探测一般分三部分进行，即扩大异常区探测、缩小异常区探测、异常体具体存在位置及形态探测。

（四）常用矿井水文地质条件探测技术方法

1. 三维地震勘探技术

三维地震勘探技术的探测原理是在层状沉积地质体中，通过测量相对低速的煤层对弹性波的强反射，并跟踪强反射平面的分布，识别煤层的赋存状态与分布规律；通过对煤层赋存规律的不连续性进行分析，识别地质体的不连续性和形成地质不连续性的构造原因。三维地震勘探技术主要是基于地层的弹性差异对不连续地质体进行采矿关心的地质构造参数揭示，它是目前从地面对地下地质构造进行高分辨率探测的最有效的物理勘探技术方法，主要提供煤系地层的弹性参数，是矿井采区地质构造探测的有效手段。

三维地震勘探技术主要有野外地震数据资料采集、室内地震数据处理和室内地震资料解释三个步骤。三个步骤既相互独立，又相互影响。

2. 电磁法类探测技术

地质体（岩层、断层等）的含水性对其相对电阻率有显著的影响。含水地质体具有相对电阻率较低，且含水程度较高的地质体与围岩电阻率的差异较大；不含水或弱含水地质体具有相对电阻率较高且电阻率的变化幅度较小的特征。电磁法探测技术就是利用地质体的这种物性差异，通过仪器测量地质体中的电性分布与变化，以达到查明含水地质体的空间位置、含水程度及导水条件的目的。电磁法类探测技术主要有：

（1）瞬变电磁探测技术

瞬变电磁探测技术是一种时间域的人工源地球物理电磁感应探测方法，是基于地下低电性地质体对高频电磁场有二次散射的物理现象，当地面发射的电磁波场瞬间消失时，量不同深度低阻体的二次场发射信号，通过对接收到的二次场信号进行时间分析，明确低阻体的地下空间位置。该技术方法对孤立低电性地质体的垂向分辨能力较强，适用于埋深较大且间距较近的多个不同含水层间导水通道的探查。

（2）磁偶源探测技术

磁偶源探测技术是一种磁偶极子发射、磁偶极子接收的频率探测方法。该方法基于不同频率电磁波穿透地层的深度不同，不同频率电磁波对不同性质地层的穿透能力不同的规律，探测低电性含水地层的埋藏深度和分布形态。由于采取磁偶源接收—发射方式，该技术较适应于在沙丘、戈壁、风化基岩、干旱黄土等地表高阻条件，对埋深小于 300m 地层的分层定厚探测。

（3）直流电阻率探测技术

直流电阻率探测技术是基于电极间距增加，稳定扩散电场范围扩大的物理基础，通过极距变化测量不同深度、不同电性地质体的分布。该方法对中浅埋深地层中含水体的探测精度较高，在植被发育地区和地形变化较大地区使用该技术也有明显优势。高密度直流电法是一种高效、高稳定性的直流电阻率探测技术方法，它通过一次测量多个电测点和自动变换发射电极的方法，实现在相同接地和发射条件下高精度地分辨地质体的电性差异，从而保证有较高的解释精度。高密度直流电法和高分辨自动电阻率法在探查小于 200m 地层的导水性和小于 100m 的地下洞穴、采空区效果较好。如果辅以瑞利波探测技术，可使地下洞穴及采空区的水平与垂直定位更加精确。

电磁法技术探测方法较多，其探测精度、适应性、作业成本等差异较大。在实际应用和技术方法的选择上，需要根据具体的地质条件和探查工作的地质任务进行专门的基础研究和选择。为达到更高的探测精度，往往需要多种方法同时使用和交叉解释。

3. 地震与电磁法结合的综合勘探技术

三维地震等弹性探测技术方法对煤系地层和采空区等地质条件探测效果较好，电磁等探测技术方法对煤层上下地层及构造的导含水性条件的探测效果较好。采用两种技术的综合探测，并进行综合解释，对于解决勘探区的构造地质和水文地质问题，掌握开采基本地质条件和水文地质条件具有得天独厚的效果。

4. 音频电穿透技术

音频电穿透探测技术是20世纪90年代在国内煤矿防治水探测技术方面应用并在近几年取得长足发展的矿井水文地质条件物探新技术。该技术在探测采煤工作面内部小构造、顶底板岩层富水性方面显出一定优势。

音频电穿透技术探测的基本工作原理，是在采煤工作面的一条巷道进行发射作业，在另一条巷道进行扇形扫描接收作业（图3-2），从而完成对工作面内部及其顶底板岩层的扫描成像，以探测其内部地质结构及含水体和导水体。发射点（供电点）的间距 A_1A_2 一般为50m左右，接收巷道每10m一个测量点（接收点）。对应每个发射点，应在另一条巷道的扇形区对称区间约23个点进行观测，以确保工作面内部各地质单元被覆盖两次以上。对探测过程中发现的异常区段，要适当调整发射点位和接收范围，进行加密控制。

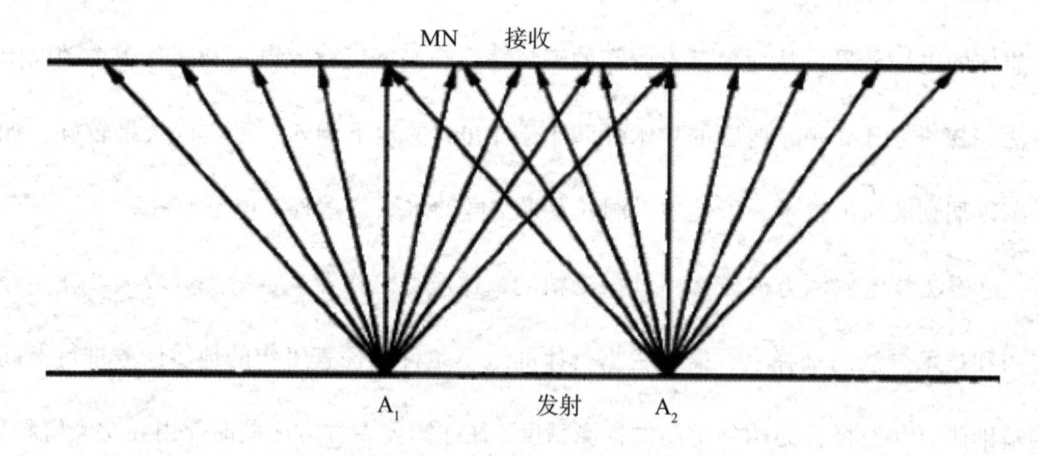

图3-2 井下音频电穿透技术探测的基本工作原理

5. 地面直流电法探测技术

地面直流电法利用地下不同地质体电阻率不同，在地面观测时有正、负两个供电电极A、B向地下输入电流，地下的电流场受到不同电阻率的地质体影响而有不同的分布规律，在地表的两个观测电极M、N观测地面上电位的分布，推测地下电阻率的分布，进而推测地下地质情况。

地下分散分布的电流主要集中在供电电极附近，远处的电流密度很小。不断加大供电电极距离，电流在地下分布的范围和深度也随之加大，从而可以探测更大范围内和更深处地质体的情况。

实际上，探测对象往往起伏不平，地下介质也不具均匀各向同性。地面直流电法通过探测地下地质体的电性差异，计算得到视电阻率的分布变化规律，实现查明地下矿体、地质构造、含水层、导水体（通道）的目的。

6. 井下直流电法探测技术

井下直流电法探测技术是以地质体的电性差异为基础，应用全空间电场理论，探测、处理和解释深度方向地质体的电性变化特征，从而获得矿井地质和水文地质信息的技术。

井下直流电法探测一般在矿井巷道中作业，它有两个相对固定的测量电极 M、N 和一个可以移动的供电电极 A（图 3-3），在同一观测点（某一个固定的测量电极 M、N 点），逐次移动供电电极 A，增大供电电极距，使电流穿透的深度由小到大，从而观测到该观测点处沿深度方向由浅到深地质体的电性变化特征和规律。然后移动电极系统到下一个观测点进行探测，如此直至完成全部现场探测。通过观测由仪器供电系统在巷道周围岩层中建立的全空间稳定电场的分布与变化，对探测资料进行处理、解释，以达到矿井下探测水文地质问题的目的。

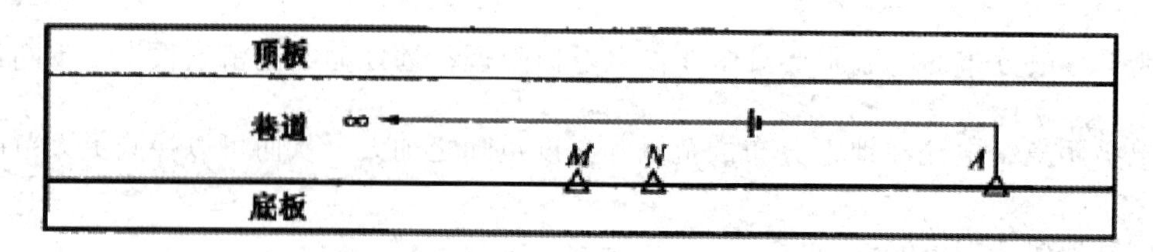

图 3-2 井下直流电法电极排列示意图

井下直流电法探测技术可以用来进行含水地质体的探测。现场探测资料经过处理，可以做出电测深剖面图，图的横坐标为测点位置，纵坐标代表视测深，其中等值线为视电阻率等值线，也可以在不同深度做水平切片图。通过这些图件，根据不同地质体的电性差异特征，可解释有关地质和水文地质问题。对煤矿区而言，一般含水层和导水构造为低阻值区，并且阻值越低，赋水性相对要好；煤层和不是含水层的其他地层为相对高阻值区。

7. 井下岩体原位应力测试技术

矿井建设与煤层开采必然引起采掘工作面周围顶底板岩层在一定范围内发生应力调整应力重分布过程，从而导致围岩的应力变化。许多矿井突水的过程就是水岩相互作用的过程和结果。当工作面回采后，首先在采掘前方一定深度的底板岩体中产生超前增压现象；其次在采空区形成过程中，底板由超前增压转化为减压松弛，即所谓卸荷膨胀作用；最后又转化为由顶板垮落引起的再次增压，即对采空区底板的采后增压作用，这就是广义上的采动应力效应。采动应力效应的形成及其特征取决于底板岩层对采动作用所形成的加载—卸载应力的调整机理与性质。其主要影响因素包括采空区底板岩体的结构特征、物理力学性质、水理特性、原岩地应力特征、地下水作用，以及与开采方法相关的采动空间与分布特征等。

岩体原始地应力的大小、方向、分布会直接影响矿井采掘后围岩应力的重分布规律，也将控制围岩发生破坏、位移和导致地下水侵入突出的位置与强度。

引起煤层底板突水的另一驱动力是煤层底板隔水层所承受的承压水的水压作用。研究表明，承压水在突水过程中的力学效应是通过隔水层岩体中的应力薄弱区和裂隙发育区首先实现的。岩体内的裂隙有的是受地壳构造应力作用形成的，有的则是在井巷开拓或采动过程中因围岩应力变化而形成的。

对于一个采区或一个采煤工作面，底板承压水水压一般是已知的。关键问题是要采集到底板隔水层岩体的最小主应力及由采动所引起的的数据变化。这样，一种新的技术方法——岩体原位应力测试技术方法在煤层底板突水中的应用则显得十分重要，并不断得到完善和广泛的应用。

岩体原位应力测试技术在研究煤层底板突水过程中的应用程序如下：对采煤工作面进行钻孔原位地应力值测试，根据点分布应力测试数据通过数值模拟的方法建立采煤工作面围岩的应力场；根据矿井采掘工程规划、采掘方式、隔水层下伏高承压含水层水压与分布、隔水岩体岩石力学性质等，进行计算机或物理模拟试验，认识矿压、水压与地应力之间的变化规律；根据模拟试验研究结果，确立开采煤层底板隔水层稳定或失稳突水的条件依据，进而对采煤工作面在回采前或回采过程中进行突水可能性预测预报。

8. 工作面回采过程中底板突水前兆实时监测与预警技术

带水压回采的工作面底板发生突水的过程是高压水与隔水底板岩层相互作用的过程。水害在孕育、发展和发生的过程中总是伴随着一系列相关因素的变化，根据这些相关因素的变化规律和变化特征可以判断突水事故发生与否。煤层底板承压水的侵入和突出前兆主要有底板隔水层应力场的变化、应变场的变化、水压力场的变化和水温度场的变化。在工作面回采过程中，通过专门设计的技术方法对煤层与含水层之间的隔水层的应力场的变化、应变场的变化、水压力场的变化和水温度场的变化进行实时监测和动态分析，可实现对突水条件和突水可能性的超前预警，进而避免突发性突水灾害的发生。

应力是反映煤层隔水底板是否发生破坏的重要指标，煤层底板岩层中任意一点的应力值随工作面的推进会不断地发生变化，而应力的变化规律与变化幅度又决定了底板隔水层是否会发生变形和破裂。当岩层中的应力条件发生较大变化时，往往预示着岩层可能发生位移和破坏而形成底板高压水侵入突水的通道。因此，通过采煤工作面底板不同深度岩层中应力状态的实时监测，可以反映采动条件下煤层底板隔水层发生破坏而诱发突水的条件。

应变是用来度量岩体变形程度的量，其值的大小反映了岩体破坏的可能性、程度和变形的强弱，随着工作面的推进→顶板悬空→顶板垮落，工作面底板岩层相应地会出现压缩→膨胀→再压缩的变形过程。当底板岩体裂隙或原生节理在应力场的作用下沿其结构面产生移动时，通过埋设在不同深度的应变传感器可实时地监测到这一变化过程，从而达到分析预测突水条件的目的。

在工作面采动的影响下，底板岩体中的构造裂隙和采动裂隙会不会开裂、扩张和相互沟通，底板承压水是否在沿裂隙带侵入上升并与工作面底板破坏带相沟通而进入矿井是分析和预测工作面底板能否发生突水的重要前兆信息。因此，通过在采煤工作面煤层底板不同深度预埋专门的裂隙水水压监测系统，可以实时监测和掌握底板承压水是否向上导升及导升部位，进而对工作面底板突水可能性超前预报预警。

由于埋藏于地表以下不同深度的水往往具有不同的温度，并且随着埋深的增加，水的温度呈现升高的规律。当深部循环地下水通过裂隙通道进入煤层底板隔水层内部时，过水通道附近岩体温度及水温会出现某种规律的异常，因此可以通过对工作面底板岩层中裂隙水水文变化规律的监测了解深部承压水是否正在通过工作面底板裂隙向上侵入而发生突水。

在工作面回采过程中，底板突水前兆实时监测与预警技术正是针对上述突水前兆因素，在工作面回采之前，根据水文地质条件分析结果，选择突水条件最危险的区段埋设应力、应变、水压及水温监测与信息采集传感器，实时、动态地采集分析突水前兆相关信息，并进行突水可能性预测预警。

第三节 矿井水害预测

一、概述

矿井水害预测是指基于已经掌握的信息、资料、经验和规律，运用现代科学技术手段和方法，对矿井未来发生突（涌）水的空间位置、强度（涌水量）及其动态变化、灾害程度等进行的预计和推断。

根据矿井水害发生的位置与所采煤层的空间关系，矿井水害预测可分为顶板水害预测与底板水害预测两大类。在我国，煤层底板石灰岩高承压岩溶含水层突水造成的灾害损失严重，因此底板水害预测备受关注。根据预测水害可能发生的范围，矿井水害预测又可分为区域预测与点预测，前者对于水害的防治是宏观的，具有战略意义；后者可能是人们渴望得到的，但也是最困难的。

（一）预测原理

现代科学预测是既有理论指导，又有科学方法的一种认知世界的工具，是一门新的应用学科。其基本原理是：

（1）整体性原理。事物是由若干相互关联的元素组成的有机整体，其发展变化过程也是一个有机整体。因此，以整体性为特征的系统思想是预测的基本思想。

（2）可知性原理。由于事物发展过程的统一性，我们不但可以认识预测对象的过去和现在，而且也完全可以通过对过去到现在的发展规律的认识，推测预测对象将来的发展变化趋势和可能状态。

（3）可能性原理。预测对象的未来发展状态有各种各样的可能性，而预测只是对各种可能性的一种估计。如果认为预测是必然结果，则失去了预测的意义。

（4）相似性原理。把预测对象与已知的类似事物的发展进行类比，可以对预测对象的未来发展状态进行描述，即预测。

（5）反馈性原理。应用反馈性原理，不断地修正预测意见，才能够更好地指导工作，为决策提供科学、可靠的根据。

（二）矿井水害预测的目的与意义

预测的目的就是为煤矿生产和安全决策系统提供进行科学决策所必需的未来信息，并且采取一切技术手段提高这些未来信息的可靠性和准确性。我国是世界第一产煤大国，煤井相继进入深部开采阶段，矿压、水压增高，煤矿水害问题日趋严重，准确预测矿井水害对指导煤矿安全生产具有越来越重要的现实意义。

长期以来，我国煤矿水文地质工作者进行了大量研究工作，取得了举世瞩目的研究成果。但是，我国煤田分布广，成煤时期多，煤层赋存状态差异大，煤矿水文地质条件复杂，类型各异，没有任何一种预测技术可以达到百分之百的预测准确率。因此，作为煤矿水害防治关键技术的矿井水害预测，仍然是发展煤矿生产与科研的一大难题。

（三）矿井水害预测方法分类

由于预测在决策中的地位和作用，科学预测的理论和方法得到迅速发展，并使预测科学和预测研究成为当代受到普遍重视的学科之一。根据预测方法的特点和属性，可将常用的矿井水害预测方法分为定性预测法、定量预测法和综合预测法三大类。

（1）定性预测方法。这是一类依靠预测人员的知识结构、工作经验等产生的主观判断能力，预测事物的未来状况而进行直观判断的方法。常用的有经验预测法、水文地质规律预测法、专家会议法、头脑风暴法、德尔斐法、主观概率法、相关树分析法、安全评价法等，均属定性预测方法。这类方法不仅在预测中，而且特别在决策中，占有十分重要的地位。当水文地质资料不充足时，常常采用这些方法。但是，预测结论往往具有宏观特点，出错误的概率也比较高。

（2）定量预测方法。此类预测方法是指根据“同态性原理”建立起预测事件的同态模型，并将这些模型进一步数学化，建立起相应的数学模型，然后确定预测事件的边界和约束条件，进而求解数学模型，确定预测事件未来状态与现时状态之间的数量关系，推断预测事件未来状态。常用的有突水系数法、解析模型法、数值模拟法、回归预测模型、趋势外推法、克里格法、模糊预测模型、多元信息复合技术法等。

（3）综合预测方法。综合预测法是定量方法与定性方法的综合，即在定性方法中也要辅之以必要的数值计算；在定量方法中，因素的取舍、模型的选择、预测结果的确定等，也都必须以人的主观判断为前提。由于任何预测方法都有它的适用范围和优、缺点，综合预测法兼有多种方法的长处，并补充或弥补各自的不足，因此可以得到较为可靠的预测结果。

（四）矿井水害预测的工作程序

矿井水害预测的工作程序可分为以下四个阶段，共十二个步骤。

1. 准备阶段

（1）确定预测目标与任务

按照矿井防治水工作的需要，明确预测对象，确定预测目的与任务。确定预测任务关系到预测工作的整个进程，因此要求做到目标明确、任务具体。

（2）制定预测计划

依据矿井水害预测目的、任务、预测技术现状，以及预测对象具备的环境条件，制定较为详细的工作安排。

2. 收集与分析信息阶段

（1）收集预测资料

预测结果的精度在很大程度上取决于参加预测信息的完整性与准确性。在确定预测的目的与任务后，必须有针对性地全面、系统收集有关的数据与资料，如含水层的厚度、水文地质参数值、水压、水量、水温、水质、地质构造、以往突水点资料、隔水层厚度、水文地质图件及顶底板岩层的物理力学性能等，并且要求资料和数据尽量涵盖相关所有领域，具有完备性，来源必须明确、可靠，结论必须正确、可信。

（2）资料的分析检查

完整准确的基础资料是进行科学预测的必要前提。这就要求：一方面要尽可能广泛地收集资料，以保证信息的完整性；另一方面要对资料进行检查、整理、加工、分析和选择，剔除错误和奇异数据的干扰，以确保资料的准确性。

3. 预测分析阶段

（1）选择预测方法

根据预测对象、目的和任务，研究区域水文地质条件、矿井水害的特点，采掘工程的对水害发生的影响因素，资料的占有情况，预测要求的精度，预测需要的人力、时间和费用等，正确选择适宜的预测方法。

（2）确立同态模型

研究预测对象的水文地质条件等，舍弃对预测目标影响不大的枝节问题，抓住主要矛盾，简化、抽象并确立反映预测对象主要特征的同态模型。常用的同态模型有物理模型、数学模型、模拟模型、相似模型和概念模型。同态模型与预测问题的符合程度将直接影响预测结果的准确性。

（3）确定预测对象的边界和环境条件

预测对象的边界和环境条件主要包括各种水文地质边界、反映预测目标的约束条件和最优化准则（或价值准则）等。

（4）建立预测模型

根据边界、环境条件和预测对象的内、外部信息，利用选定的预测方法把概念模型变换为预测的数学模型。预测模型要能够较准确地反映预测对象内部因素与外部因素的相互制约关系。所建立的预测模型正确与否是预测结果准确与否的关键。

（5）进行预测计算

无论是定性还是定量预测，均需给出预测结果。对于定量预测方法，应将收集到的信息、数据、资料代入所建立的预测数学模型，借助于现代计算机技术，进行计算，得到初步预测结果。

（6）预测结果分析

预测得到的初步结果往往不可能十分精确，还需要应用可靠性分析和专业知识，对预结果进行分析、检验，以评价其准确度。如果预测结果误差太大，则需要进一步分析、查找产生误差的原因，决定是否对方法、模型、参数进行修改，重新计算，或对预测结果作必要调整。因此，整个预测分析工作是个动态的反馈过程，有时甚至是多重的，直到预测结果达到满意为止。

4. 输至决策系统

（1）输出预测结果

当预测结果达到预测目的，满足精确度要求后，即可将预测结果输出。

（2）提至决策系统

预测结果是为决策者（或决策系统）提供决策依据的，因此预测的最终结果要输送给决策者（或决策系统），以便制定决策并制定矿井防治水的对策和方案。

二、定性预测技术

1. 经验预测法

经验法预测是根据长期实践中总结出的煤层或岩层突（涌）水之前出现的一些征兆，预测水害的发生。例如，煤层发潮、“挂汗”，煤层温度变冷、工作面发凉，煤层里有“吱吱”的水声，水的气味和颜色发生变化，岩石裂缝中有淤泥冲出等是煤层或岩层突（涌）水之前经常出现的一些征兆，据此可预报将可能发生突（涌）水，并采取相应的预防及治理措施。

2. 水文地质规律预测法

一般是指通过对矿井充水条件和突（涌）水机理的研究，对矿井突（涌）水地段和强度进行预测。矿井充水水源、充水通道和充水强度三者的不同组合会产生不同的矿井水害。在根据矿区水文地质规律预测矿井水害时，要抓住这三者的相互关系这一主线开展工作，同时进行必要的井下观测、统计、计算、作图，还必须充分发挥专业技术人员的技术专长和实践经验。工作程序如下：

（1）查清矿井充水水源的类型，含水层的类型、空隙发育和分布情况，充水水源的水量、水压及其动态变化规律，水源补给强度及其动态变化，充水水源与采掘工程的空间位置关系，断层两侧主要含水层、隔水层的接触关系等。目的在于确定何种类型的、处于什么位置的、多大水量的充水水源，可能将要充入到矿井的什么部位，造成什么样的危害。

（2）明确天然导水通道的类型、发育、分布、规模，以及与充水水源、采掘工程的空间位置关系，导水能力；采动破坏的范围及与充水水源、天然导水通道的空间位置关系。目的在于确定天然或人工导水通道与充水水源是否发生水力联系，如何联系，以及是否可能引发矿井水害和危害的程度。

（3）对以往突（涌）水点的资料进行整理、分析、研究，找出矿井充水水源、充水通道和充水强度三者的组合规律，进而上升成为对矿区突水机理的认识，以指导矿井水害预测与防治。

（4）坚持“有疑必探”的原则，对前述分析研究中存在的疑问，进行必要的探测。根据需要，既可以进行物理探测，也可以进行钻探探测。进而综合各方面的探测和研究成果，对矿井水害进行初步预测。

（5）坚持“反馈性原理”。把初步预测意见，通报采掘、安全等专业技术人员、领导和技术工人，征求他们的质疑和意见；对于区域预测意见，必须运用到生产实践之中，经受检验。认真分析各方面的反馈意见，必要时，补充研究工作，对矿井突（涌）水地段和强度得出可靠预测结果，并提出防治对策。

（6）将矿井水害预测结果和防治对策提交领导决策。

3. 专家会议预测法

选择一定数量矿井水害防治领域及相关领域的专家，通过会议的方式，集思广益、互相启发，引发思维共振，对预测对象的发展趋势和未来状态作出判断。

4. 德尔斐法

德尔斐法是美国兰德公司研究人员赫尔马和达尔奇于 20 世纪 40 年代开发的一种预测方法，逐渐得到广泛应用，现在其应用领域及其广泛。

该方法需要成立一个预测领导小组，并选择一批专家，专家人数视预测对象的规模和重要程度而定，一般以 20~50 人为宜。在预测的整个过程中，专家们以无记名方式参加，通过数轮函询，征求专家意见。

首先，预测领导小组根据预测对象、要求和目的，以及具有的信息、资料水平，设计出预测调查表。该表要明确预测对象、任务，要求专家对预测对象作出说明，提出论证，给出明确的预测意见。该表是预测的重要工具，信息的主要来源，对预测结果的影响很大。因此，要由专业人士认真设计，特别是不能带有偏见。领导小组将设计好的调查表和相关的信息、资料函寄给各位专家，由专家独立研究，得出预测意见，认真填写调查表，并函寄回预测领导小组。

预测领导小组对每一轮的专家意见进行统计、汇总，作为参考资料再发给专家，供专家分析、判断，进一步提出新的论证，并不断修正自己的预测意见。如此反复数轮，专家们的意见渐趋一致，并得出较为可靠的预测结论。

选择专家是德尔斐法成功的关键。一般要选择精通预测领域技术的、有名望的、有学科代表性的专家，在矿井水害预测中要特别注意选择有丰富实践经验的专家，还要适当选择一些相关的其他学科的专家。

一般通过4~5轮预测，专家们的意见可以相对集中。如果5轮之后，预测意见仍分歧很大，应停止，并另辟新径。

第四节　矿井水文地质条件的数值模拟

一、概述

水文地质数值模拟是一项非常实用的综合性应用技术，它以刻画地下水系统空间结构和水力特征的数学模型为工具，以数字模拟方法为手段来定量分析、评价、预测地下水系统的水文地质条件、参数结构、行为规律及其在扰动条件下的变化与响应。对煤矿安全、矿区可持续发展，以及工程设计、生产管理、政府决策等部门都有很大的应用价值。

矿井水害是制约许多矿区可持续发展的重要因素。多年来对矿井水害的预防和治理一直是相关科学、工程领域和生产工作者关注和实施的重要课题，其中水文地质数值模拟为水害识别、工程施工提供坚实的理论基础。虽然受地质环境、开拓及采煤影响，矿井水害的数学模拟难以完全与实际情况吻合，有时甚至会出现较大的偏差，但数值计算仍然是煤矿水害防治理论研究的重要内容之一。数学模拟对矿区地下水运动的理论研究，对防治水处理和利用矿井水都具有理论和实际的意义，将一直是煤矿水研究的重要课题之一。对于复杂的地理实体和地下地质体中水量和水质的研究，借助于飞速发展的计算机技术，应用各种数学的方法，如数学物理方程、概率及数理统计、偏微分方程的数值求解可以很好地对水资源进行评价，对各种复杂的地下水问题进行求解。同时，随着对地下水污染的日益关注，借助数学的方法模拟溶质运移，也成为地下水研究的主要课题内容。在以上所有重要的领域，数学模拟的方法由于计算机技术的发展，均取得了重要进展。

随着电子计算机和数值方法的发展，数值模拟已逐渐成为模拟一些水文地质过程发生、发展，研究地下水运动规律和定量评价地下水资源的主要手段，广泛应用于与地下水有关的各个领域，其中包括：水资源评价问题（供水、排水、水利等各类问题中的地下水水位预报和水量计算等）；地下水污染问题，水—岩作用和生物降解作用的模拟；非饱和带水分和盐分运移问题；海水入侵、高浓度咸水 / 卤水入侵问题；热量运移和含水层储能问题；地下水管理与合理开发、井渠合理布局和渠道渗漏问题；地下水—地表水联合评价调度问题；地面沉降问题；参数的确定问题。它所涉及的地质情况多种多样，有潜水，也有承压水；有单个含水层的情况，也有多个含水层存在越流的情况，以及各类复杂的地质构造和岩相变化情况。由此，发展了相应的模型概化与边界条件的处理。根据该理论发展出的各种模型和相关软件也解决了很多国民经济建设中急需解决的各类问题。

近年来，对于地下水数值模拟的研究主要集中在：三维流模型及其软件开发；流场与流线的计算；非均质参数的区域概化；繁杂数据的优化处理，以提高模拟结果的精度。

从21世纪初的研究来看，地下水流数值模拟还将在以下几个方面进行发展：

（1）数值模型的基础理论研究。

（2）引进新的思维方法、新的数学工具，合理地描述含水层系统中大量的不确定性和模糊因素。

（3）随着勘测手段和勘探程度的提高，三维流模型将得到普及。

（4）与计算机技术的完美结合，大大提高了数值模型的使用效率。

（5）数值模型在裂隙发育区、非饱和带的应用将逐渐成熟，在这些区域依靠数值模型预测水流状态的关键是含水层特征参数的确定。随着观测手段的改进和新的数学方法的运用，含水层参数的精度将有所提高，因此这些地区的数学模型将会得到不断完善。

另外，随着计算机科学的飞速发展，以及遥感、地理信息系统和全球定位系统在地下水数值模拟中的进一步应用，人们不仅可以直观模拟地下水流，而且可以实时监测地下水的动态，地下水数值模拟将进入一个崭新的发展时代。

二、数值模拟的步骤

数值模拟方法与解析法及其他评价方法相比，它能够较为全面地刻画含水层的内部结构特点和模拟处理比较复杂含水层系统边界及其他一般解析方法难以处理的水文地质问题。可以说，无论多么复杂的水文地质问题，只要归结为利用一组数学方法刻画的数学问题后，借助于现代计算机技术，总可以利用数值模拟方法获得对问题的定量化解答。因此，数值模拟方法是目前水文地质计算中一种强有力的数学工具，它的推广应用标志着水文地质条件定量计算与分析进入了新的发展阶段。

采用数值模拟方法定量模拟评价矿井水文地质条件大致可分为六个步骤。

1. 建立模拟计算区的水文地质概念模型

在矿区水文地质调查和专门水文地质勘探的基础上，根据对模拟计算区域内水文地质条件的认识和分析，纲要性地概化出研究计算区的水文地质概念模型。水文地质概念模型既取决于研究计算区的具体水文地质条件，但又不完全等同于该区的实际水文地质条件。它是实际水文地质条件的概化和功能纲要，矿井水文地质概念模型要求明确和概化的主要内容如下。

（1）概化确定模拟计算区的范围及边界条件

根据矿井水文地质勘探资料和矿井采掘要求，在明确了矿井主要充水含水层和模拟计算的含水层后，根据矿井对水文地质评价的要求，首先应圈定出模拟计算区的范围。一般情况下，模拟计算区最好是一个具有自身补给、径流和排泄的独立的天然水文地质系统。它具有自然边界，便于较为准确地利用其客观真实的边界条件，避免人为划定边界时在资料提供上的困难和误差。但在实际工作中，相关人员所关心或划定的模拟计算区域常常不能完全利用自然边界。这时就需要充分利用水文地质调查、勘探和长期观测资料等，通过深入系统的水文地质条件分析，建立人为的模拟计算边界。

在利用含水层自然边界有困难或在模拟计算区边界因勘探试验和观测资料缺乏，不足以建立较为精确的人为边界时，通常将已确定的计算范围适当地向外延伸设置一定缓冲带，缓冲带的宽度视具体的水文地质条件和评价要求而定，一般为 2~3 层计算单元的宽度。缓冲带的边界一般以定水头边界或隔水边界处理为宜。

在计算范围明确规定后，就要对所有边界的水文地质性质进行详细的研究和确定。一般情况下，只要含水层与常年有水的湖泊、河流、水库等地表水体有直接的水力联系，不管是地表水排泄地下水，还是补给地下水，均可处理为第一类边界条件。对于自由入渗的地表水体，则必须作为第二类边界条件处理。

（2）概化模拟计算区域内含水层的内部结构特征

通过对含水层结构类型、埋藏条件、导储水空隙结构及水力特征的分析研究，确定模拟计算区内含水层类型。在此基础上要对含水层的空间分布状态进行概化，对于承压含水层来说，主要是明确含水层底板标高的变化规律及其在模拟计算区内底板标高的分布。含水层的渗透性（导水性）概化是根据含水层的渗透系数（或导水系数）及其主渗透方向和储水系数在空间上的变化规律，进行均质化分区。所谓含水层水文地质参数的均质化分区，就是通过对所模拟研究的含水层区域内地质与水文地质条件的分析，将研究区划分为若干个亚区域，而且认为在每个亚区内含水层水文地质参数是相等的（含水层是均质的）。一般情况下，松散岩层中的孔隙含水层多属于非均质各向同性，基岩裂隙或岩溶裂隙含水层则多属于非均质各向异性含水层。

（3）概化模拟计算目标含水层的水力特征

水力条件是驱动地下水运动的力源条件，含水层水力特征的概化主要包括三方面的内容：一是，渗流是否符合达西地下水流规律；二是，含水层中的地下水流呈一维运动、平面二维运动还是空间三维运动；三是，地下水水流运动是稳定流还是非稳定流。一般情况下，在松散沉积的孔隙含水层、构造裂隙含水层以及溶洞不大、均匀发育的裂隙岩溶含水层中，地下水流在小梯度水力驱动下多符合达西地下水流规律；只有在大溶洞和宽裂隙中的地下水在大梯度水力条件的驱动下，才不符合达西水流，严格地讲，在开采状态下，地下水的运动都存在着三维流特征，特别是在矿井排水形成区域地下水位降落漏斗附近以及大降深的疏放水井孔附近地下水的三维流特征更加明显。但是，在实际工作中，由于三维渗流场的水位资料难以取得，因此在实际模拟计算过程中，多数情况下将三维流问题按二维流进行近似处理。

（4）概化计算区域的初始水文地质条件

根据模拟计算区矿井水文地质定量评价的要求，选定模拟计算的初始时刻，求出模拟计算的初始流场。模拟计算的初始条件包括计算区内的水力场，初始水文地质参数场，一类边界的水位值，二类边界的水力梯度值，以及计算区内自然存在的地下水源、汇项。一类边界的初始水位及其源、汇项，可通过实际观测资料直接给定；二类边界的初始水力梯度，可根据边界内外的水位观测值通过等水位线分析或水力计算确定。计算区内初始参数亚区的划分及其初始参数值，一般根据含水层水文地质结构分析及其解析法所获得的水文地质参数确定。

2. 建立计算区刻画地下水运动规律的数学模型

基于上述概化后的水文地质概念模型，可以建立计算区描述地下水运动的数学模型，即用一组数学关系式来刻画模拟计算区内实际地下水流在数量上和空间上的一种结构关系，它具有复制和再现实际地下水流运动状态的能力。这里所说的数学模型，主要是指由线性和非线性偏微分方程所表示的数学模型。对于一个实际的地下水系统来说，这样的数学模型一般应包括描述计算区内地下水运动和均衡关系的微分方程和定解条件组成，定解条件包含有边界条件和初始条件。这样的数学模型一般情况下很难通过常规的解析方法获得其精确解，通常都需借助于现代计算机技术，用数值方法对其进行求解以获得其近似解。

由于研究的出发点和具体方法的不同，地下水系统的数学模型可分为以下几种：线性与非线性模型、静态与动态模型、集中与分布参数模型、确定性与随机性模型等。目前在矿井水文地质条件模拟预测中最常用的是确定型的分布参数模型。

3. 离散化模拟计算区

上述所建立的刻画地下水特征的数学模型，需要借助于数值方法对其进行求解，用于求解地下水流数学模型的方法有很多种，目前最常见的是有限单元法和有限差分法。无论采用哪种方法，求解之前，都需要对模拟计算区域进行离散化剖分。剖分网格的形状，对平面二维水流剖分网格常见的是三角形和矩形，时空间三维水流剖分网格有四面体和六面体。在剖分的过程中，其解的收敛性与稳定性在很大程度上取决于单元剖分的大小。一般情况下，剖分的单元不宜过大，特别是在水力坡度变化大的地方，单元应变小加密。对于非稳定流问题，还需要对模拟计算的时间段进行离散化，在水头变化较快的时间段内，时间步长应取得小些。在时间段划分上，一般原则是在水头变化快的时期，时段步长应取得小些，划分的时段应多些；在水头变化缓慢的时期，时段步长应取得大些。

4. 校正（识别）计算区的数学模型

数学模型应是实际含水层及其水流特征的复制品。根据水文地质模型所建立的数学模型，必须反映实际径流场的特点，因此，在进行模拟预报之前，必须对数学模型进行校正，即校正其方程、参数及边界条件等是否能够准确地反映计算区的实际水文地质条件。由此可见，校正模型实际上就是通过拟合实际观测到的水文地质现象而反过来求得反映含水层水文地质条件的有关参数的过程。在数学上称为反演问题或逆问题。

目前常用的识别数学模型所采用的方法包括直接解法和间接解法两类。直接解法就是从含有水头、水量和参数的偏微分方程或从已离散的线性方程组出发，代入实际观测的水头，从中直接求解出水量或参数的方法，即直接求解逆问题。这类方法有数学规划法、拟线性化法等。由于直接解法所需节点的水头均应是实际观测值，这在实际上很难办到，所以直接解法应用较少。

5. 数学模型的校验

当通过参数反演得到数学模型的有关定量水文地质参数后，就获得了用于矿井水文地质条件模拟预测的唯一确定的数学模型。为了在运行模型之前进一步确定模型的可靠性，可利用已知的水文地质观测资料与模型运行的计算结果进行比较分析，以确认模型的正确性。如果校验结果较好，则可利用模型进行矿井水文地质条件的预测分析，否则需要重新考核和校正数学模型。

6. 数学模型的运行与应用

经过识别和校验后的数学模型，即可作为矿井水文地质条件和矿井涌水量预测预报的计算模型，也可根据矿井开采条件、矿井水文地质要求进行多种问题的数值模拟计算。目前数学模型主要用于模拟预测不同条件下矿井疏降水量和疏降条件下的地下水流场。

三、数值模拟方法的应用条件

数值模拟方法的成功应用必须建立在特定的条件之上。一般来说，对一个矿区的矿井水文地质条件及其矿井涌水量进行数值模拟与预测应具备下列基本条件。

（1）必须有专门的地质与水文地质勘探资料，严格控制矿井主要充水含水层（模拟的目标含水层）的空间赋存特征。这些资料包括含水层的埋深、厚度、产状、空间延展情况、结构类型，顶底板岩层条件，以及与主采煤层之间的位置关系等。

（2）要有专门的资料控制模拟的目标含水层的边界条件，这些资料包括边界的位置、物理结构、水文地质性质、可能出现的边界随时间的变化（如水位的动态变化等），顶板岩层条件（有无天窗等），以及与主采煤层之间的位置关系。

（3）要有专门的水文地质试验资料，控制地下水的水动力学性质及其含水层的水文地质参数结构。这些资料包括地下水的流态（层流还是纹流、承压水流还是无压水流等），含水层的渗透性能、越流条件，以及地下水水力梯度等。

（4）要有大型群网观测的抽放水试验资料或具有区域性控制作用的地下水水力信息长期观测资料。这些资料包括抽放水水量及其动态变化过程、抽放水过程中含水层水位及其变化过程、抽放水结束后地下水位恢复程度及其恢复过程。

（5）其他影响含水层行为的相关信息。这些信息包括大气降水及其时间分布、蒸发条件及其季节性变化、地表水系及其季节性变化、当地工农业用水及其开采情况、地表植被发育状况等。

四、常见的数值模拟方法

地下水流定解问题的数学模拟模型按时空参数的不同可划分为多种类型。按空间变量特征，可分为一维、二维和三维模型；按与时间有无关系，可分为稳定流模型和非稳定流模型；按所研究含水层的特征，可分为承压水流模型、潜水流模型和饱和—非饱和带水流模型；按反映含水系统状态变化及其影响参数的性质和可知程度，可分为稳定性模型、模糊模型和随机模型等。常用的求解地下水流定解问题的数值方法包括有限单元法、有限差分法、边界元法和有限分析法等。目前，在矿井水文地质实际工作中最常用的数学模型是二维非稳定承压水流模型，数值计算方法通常采用有限单元法。

对于一个具体的含水层而言，模拟计算的数学模型（定解问题）由水流微分方程边界条件和初始条件组成。不同的组合形式就构成了不同的地下水流模拟数学模型。

1. 微分方程

不同的水文地质条件会形成不同的地下水运动特征，而不同类型的地下水运动状态要用不同的微分方程来描述和刻画。

2. 边界条件

边界条件是指模拟渗流区边界上地下水的水力条件，基本上可分为水头分布条件和流量（流入或流出）分布条件。

（1）第一类边界条件

第一类边界条件是一种水头分布条件，是指边界处的水头分布规律及水头值是已知的。

（2）第二类边界条件

第二类边界条件是一种流量分布条件，是指边界处单位宽度进出含水层的流量及其随时间的变化规律是已知的。

3. 初始条件

描述含水层模拟起始时刻 U=0 的水头分布条件称为初始条件。

第五节　矿井水害防治的科学决策

实际上，煤矿水害防治是一个包括科学、技术、工程、经济与管理的多元体系，在这个体系的各个环节都存在科学决策问题。决策正确，事半功倍，安全生产有保障，经济、社会效益显著；决策失误，则劳而无功，安全生产受威胁，经济、社会效益低下。长期以来，在煤矿水害防治领域科学决策无人问津，这不得不说是煤矿水害事故频发，造成巨大生命财产损失的一个重要原因。与其他任何领域的决策一样，煤矿水害防治科学决策，除了应遵循科学决策的一般理论与方法外，还必须注意它的特殊性。这就需要首先引进科学决策的一般理论与方法，在引进的基础上，结合煤矿水害防治的特殊性，进行创新与实践。煤矿水害防治科学决策的最大特殊性就是“安全第一”，因此在选择决策准则时也必须是“安全第一”，这也正是煤矿水害防治科学决策有别于其他决策之处。

一、科学决策概述

科学决策是指决策者为了实现某种特定的目标，凭借科学思维，运用科学的理论和方法，系统地分析主客观条件并做出正确决策的过程。科学决策的根本是实事求是，决策的依据要实在，决策的方案要实际，决策的结果要实惠。

科学决策具有程序性、创造性、择优性和指导性等特点。

1. 程序性

程序性是指科学决策不是简单拍板、随意决策，更不是头脑发热、信口开河、独断专行，而是在正确的理论指导下，按照一定的程序，充分运用领导、专家和群众的集体智慧，正确运用决策技术和方法来选择行为方案。

2. 创造性

创造性是指决策总是针对需要解决的问题和需要完成的新任务而做出选择，不是传声筒、录音机，也不是售货员、二传手，而是开动脑筋，运用逻辑思维、形象思维、直觉思维等多种思维进行创造性的劳动。

3. 择优性

择优性是指在多个方案的对比中寻求能获取较大效益的行动方案，择优是决策的核心。

4. 指导性

指导性是指在管理活动中，决策一经做出，就必须付诸实施，对整个管理活动、系统内的每一个人都具有约束作用，指导每一个人的行动方向，不付诸实施，没有指导意义的决策就失去了决策的实际意义。

参与科学决策的主体一般有五个：决策领导、决策助手、决策专家、学科专家、实际工作者和广大群众。

科学决策要以人、社会、环境的整体协调发展为基础，强调决策对象的发展规划、经济规划、生态规划的协调统一，保障经济效益、社会效益、环境效益的同步增长，为人类的可持续发展提供思想方法论的基础，对人类的可持续发展产生积极的指导作用，进而显示其不可估量的社会价值。

二、最优化技术

科学决策的实质就是从众多的方案中选择一个最优（最大效益或最小损失）的方案，它往往要借助于最优化技术，常用的最优化技术包括线性规划、非线性规划、目标规划和动态规划等。

（一）线性规划

线性规划是指决策变量不论在目标函数还是在约束条件中均为线性的规划。它所研究的问题主要包括两个方面：一是确定一项任务，如何统筹安排，以尽量做到用最少的资源来完成它；二是如何利用一定量的人力、物力和资金等资源来完成最多的任务。线性规划的模型可以表述为在满足一组线性约束和变量为非负的限制条件下，求多变量线性函数的最优值（求最大值或最小值）。

（二）非线性规划

当目标函数或约束条件中有一个或多个为非线性函数时，称这样的规划问题为非线性规划。科学研究和工程技术中所遇到的很多问题都是非线性的。

非线性规划的求解方法大体可分为两种：一种是把非线性问题化为线性问题求解，如泰勒级数展开等；另一种是直接求解，如罚函数等。

需要说明的是，非线性规划的算法虽然比较多，但没有一种算法能对非线性规划问题普遍适用，而且非线性规划的算法所求得的解往往是局部最优解。

（三）动态规划

在最优化问题的研究中，有一类问题是一种随着时间而变化的动态过程。它可以按照时间过程划分成若干个相互联系的阶段，每个阶段均需做一定的决策，一个阶段的决策常常会影响到下一个阶段的决策，从而影响整个过程的活动路线。因此，每个阶段最优决策的选择必须考虑整个过程中各阶段的联系，要求所选择的各个阶段决策的集合策略，能使整个过程的总效果达到最优，这类问题称为多阶段决策问题。由于它是在实践过程中，依次分阶段选取一些决策来解决整个动态过程的最优化问题，所以称为动态规划。

在实际工作中，可能会遇到一些不直接随时间变化，而是随空间位置或者其他量发生变化的动态过程，或者遇到一些与时间无关的静态多变量优化决策问题，但是我们可以人为地将上述过程转换为随时间变化的多阶段决策过程问题，而采用动态规划的方法求得最优解。因此，动态规划的方法就是把一个动态过程的优化决策问题分成一些相互联系的阶段以后，把每一个阶段作为一个静态的问题分析。

任何多阶段决策问题的最优决策序列，都有一个共同的基本性质，这就是动态规划问题的最优化原理，或称贝尔曼优化原理。这一原理可概括为一个多阶段决策问题的最优决策序列，对其任一决策，无论过去的状态和决策如何，若以该决策的状态为起点，其后一系列决策必须构成最优决策序列。依据此原理，可把多阶段决策问题表达为一个连续的递推关系。

（四）目标规划

1. 基本概念

目标规划是在线性规划基础上发展起来的，它的模型结构和算法与线性规划相似，但又有它自己的特点，它能解决线性规划所不能解决的多目标决策问题。

线性规划问题求解的过程中存在以下两个方面的不足：

一是线性规划的目标函数是单目标（最大值或者最小值问题），是通过满足一组约束条件下实现单目标的极值来解决需要决策的问题，它不适应当前复杂多变的决策活动中多目标的实际要求。

二是线性规划的求解比较严格，最优解的求解，首先必须有一个可行解区，如果现有资源条件不能保证决策目标的实现，或者线性规划模型的约束条件出现了相互矛盾的情况，形成不可行解区，线性规划就无解，进而限制了线性规划的应用范围。

目标规划就是要解决线性规划不能解决的目标度量单位不同、目标之间相互矛盾、重要程度不同的现实中存在的多目标决策问题。

2. 目标规划的模型结构与解法

目标规划是以管理目标为标准，从资源约束中探求一个实现目标偏差最小的满意解。其基本思路如下：在满足一组资源约束和目标约束的条件下，求一组变量的值，实现决策目标与实际可行目标值之间的偏差最小。

三、决策的分类

从不同的角度出发，可以对决策进行不同的分类。根据决策者的地位不同，可分为高层决策、中层决策和基层决策；根据所需做出决策的先后次数，可分为一次决策和多次决策；根据决策目标的个数，可分为单目标和多目标决策；根据决策的内容，可分为战略决策和战术决策。

决策决定未来的行动计划，对选择决策分析方法及其结果有着本质的影响。根据对未来状态掌握的可靠程度的不同，决策可分为确定型决策、风险型决策和不确定型决策三类。

（一）确定型决策

确定型决策是指对每个可行方案未来可能发生的各种自然状态和信息全部已知，

有确定把握的情况下，决策者可根据完全确定的情况比较选择，或者建立数学模型进行运算、模拟，并能得到完全确定结论的决策。

确定型决策应具备如下四个条件：

（1）存在决策者希望达到的一个明确目标（收益最大或损失最小）。

（2）只存在一个确定的自然状态。

（3）存在可供决策者选择的两个或两个以上的行动方案。

（4）不同的行动方案在确定状态下的损益值（损失或利益）可以计算出来。

确定型决策技术主要是指部分运筹学及数量经济模型、模拟和计算方法。确定型决策方法和模型常用的主要方法包括线性规划、动态规划、非线性规划、盈亏平衡分析和费用分析等。

（二）风险型决策

如果决策问题存在着多种可能发生的自然状态，决策者在进行决策时并不确切知道哪一个条件（自然状态）将一定发生，只能根据经验，已有的资料、信息，设定或推算出事件发生的概率，并据此进行决策。这样进行的决策要求往往承担一定的风险，因此称为风险型决策。

风险型决策要求具备以下五个条件：

（1）有一个明确的决策目标。

（2）存在着可供决策者选择的两个或两个以上的可行性方案。

（3）存在着不以决策者主观意念为转移的两种或两种以上的自然状态，并且每一自然状态均可估算出它的概率值。

（4）不同的可行性方案在不同自然状态下的损益值可以计算出来。

（5）未来将出现哪种自然状态不能准确确定，但其出现的概率可以估算出来。

具备了上述五个条件，即可构成一个完整的风险型决策。

风险型决策可依据的标准主要是期望值标准。所谓期望值，是指随机变量的数学期望，即不同方案在不同自然状态下可能得到的加权平均值。常见的风险型问题的决策方法包括最大期望收益标准、最小期望损失值标准、最大可能决策标准、矩阵法、灵敏度分析法和决策树等。

（三）不确定型决策

一般来说，不确定型决策是针对新的决策项目，只预估到可能发生的几种状态，但每种状态发生的可能性由于缺乏资料，无法确定，所以是一种不确定情况，在这种情况下的决策，主要取决于决策者的经验素质和决策风格。同时，根据多年决策经验的积累总结，也归纳出了一些公认的决策方法，决策者可以根据自己的经验和估计加以选用。

不确定型决策方法主要包括悲观决策法、乐观决策法和折中决策法等。

1. 悲观决策法

悲观决策法又称华尔德决策准则，是一些比较小心、谨慎的“保守型”决策者常用的方法。其决策程序如下：首先从一个方案中选择一个最小的收益值，然后从这些最小收益值所代表的不同方案中，选择一个收益最大的方案作为备选方案，即小中取大原则。

2. 乐观决策法

乐观决策法又称大中取大准则的决策方法，该方法多被一些敢想敢干、敢担风险的“进取型”决策者采用。其决策步骤如下：

第一步，求出每一个可行方案在各种自然状态下的最大收益值。

第二步，求出各最大收益值的最大值。

3. 折中决策法

折中决策法又称赫威决策准则，它是介于乐观和悲观之间的一个折中标准。在应用时决策者确定一个系数，即折中系数，当决策者对未来的估计比较乐观时，其折中系数值可大于 0.5；当对未来的估计比较悲观时，其折中系数 a 可取小于 0.5 的值。

（四）科学决策的程序

决策是人们对谋略的判断，它根据已知的情报、信息等内容，利用人的智慧进行思维分析、逻辑推理，从而找到解决问题的最佳方法，并在执行中跟踪、反馈、控制，以达到预期目标的全过程。决策的成败，直接影响到决策所涉及范围内的社会效益和经济效益。必须遵循科学的决策程序，才能做出正确的决策。

决策是一个提出问题、分析问题、解决问题的完整的动态过程。

1. 提出问题，确定目标

问题是应有现象和实际现象之间出现的差距；而目标是在一定的环境和条件下，在预测的基础上所希望达到的结果，是决策的出发点和归宿。一切决策都是从问题开始的，决策者要善于在全面收集、调查、了解情况的基础上发现差距，确认问题，并能阐明问题的发展趋势和解决问题的重要意义，在此基础上，要确定明确、合理的目标，注意区分必须达到的目标和期望达到的目标。应当在优先保证实现必达目标的基础上，争取实现期望目标。目标应尽量具体、争取量化，以便与执行情况进行分析对比。

目标在执行过程中应注意以下三点：

（1）确定决策目标的原则——“不唯书、不唯上、只唯实，斟酌、反复、比较”。广泛征求群众和专家的意见，根据现有的主、客观条件确定决策目标。忌“假、大、空”的目标，遵循“跳一跳，能够到”的原则控制决策目标。

（2）结合实际，实事求是。所确定的目标无论是长期、中期，还是短期目标都必须符合客观实际，切实可行。在制定目标时，切不可主观臆断，仅凭个人主观愿望和想象，想当然地制定出脱离实际的目标，当事与愿违时以“失败是成功之母”来进行自我安慰。

（3）量力而行，高低适宜。在决策中切记不可好大喜功，贪大求洋，一味地追求高指标而使决策半途而废，给国家或企业造成重大损失。但是，也不能以此为借口，“因循守旧”而放弃“出奇制胜、适度冒险”的决策。决策者要正确理解和认识“理想和现实”，要量力而行。

2. 拟定可行方案

可行方案是指具备实施条件、能保证决策目标实现的方案。一般来说，每一个问题都有多种求解途径，到底哪条途径有效，能够达到预定目标，得到最优解，要经过严格的论证比较才能确定，因此在拟定可行方案时要尽可能多地提供可供选择的方案。拟定可行方案的过程是一个发现、探索的过程，也是淘汰、补充、修订、选取的过程。应当具有大胆设想、勇于创新的精神，又要细致冷静、反复计算、精心设计。对于复杂的问题，可邀请有关专家共同商定。在拟定方案时，可运用“献策会”及“对演法”（“对演法”就是让相互对立的小组制定不同的方案，然后双方展开辩论，互攻其短，以求充分暴露矛盾，使方案越来越完善）等智囊技术。

3. 对方案进行评价和优选

方案的评价和优选要集思广益，对每一种可行性方案都要进行充分的论证，要广泛听取不同专业、不同层次的专家、学者及群众的意见，经过充分的论证并做出综合评价。论证要突出技术上的先进性、实现的可能性及经济上的合理性。不仅要考虑方案所带来的安全效益、经济效益，而且也要考虑可能带来的不良影响和潜在的问题，从多种方案中选取一个较优的方案。

4. 方案的实施与反馈

决策的正确与否要以实施的结果来判断，在方案实施过程中应建立信息反馈渠道，实行监督、反馈制度。将每一局部过程的实施结果与预期目标进行比较，若发现差异，则应迅速纠正，必要时进行再决策，以保证决策目标的实现。

正确的决策取决于多种因素，除了要有完善的决策体系，遵守科学的决策程序外，决策者的经验、才能和素质，以及适宜的决策方法等都是至关重要的。上述四个决策程序既相互独立又紧密联系，实施过程中要注意区分它们之间的区别与联系，做到目标准确、方案详尽、论述到位、实施顺利、反馈及时。

（五）科学决策与投入产出

这里以矿井水害防治方案实施的投入产出为对象介绍科学决策的过程。投入产出法是研究经济系统各个部分（作为生产单位或消费单位的产业部门、行业、产品等）间表现为投入与产出的相互依存关系的经济数量的一种分析方法。方案优选主要是对多种防治水方案的投入与产出进行分析比较。投入是指一定时期内水害防治方案实施过程中的各种消耗，包括原材料、燃料、动力、机器设备等物质形态的消耗和通信、科技咨询等非物质形态的消耗，以及劳动力的消耗；产出是指水害防治方案实施（各种生产和劳务活动）在一定时期内所产生的结果，它可以表示为物质形态的各种产品，也可表示为生产提供的服务和为非生产活动及居民提供的服务。

第四章　矿井水害监测测试技术

煤矿水害的工作重点在于预防，水害预测是预防的基础。由于矿井水害的影响因素复杂，建立适合煤矿生产具体条件的预测模型往往存在很大的困难，通过对水害发生过程的监测，可以在一定程度上解决矿井水害在短期内难以预测的问题，从而为水害应急预案的启动提供可靠的依据。

煤矿水害具有隐蔽性的特点，就煤层底板突水而言，往往发生在强径流带附近；另一方面，导水通道的形式也是多样的，在探测技术和方法上存在很大的难度，定位不准、靶区范围过大或者遗漏的现象时有发生，给煤矿水害防治工作带来了很大的影响；基于突水机理研究的预测方法在应用中存在的主要困难在于没有一种占绝对优势的突水机理解释多类型、多因素影响的复杂的突水问题。由于存在以上问题，开展静态的突水底板预测仍然是一件非常困难的事情。但是，就突水监测而言，完全可以根据预先对于突水危险区的判断布设传感器，只要这种判断建立在对工作面突水条件充分研究和分析的基础之上，传感器的布设符合突水机理研究的相关要求，就可以实现矿井水害监测预警的预期目标。

第一节　水文地质条件动态监测

矿井涌水量的大小直接影响着矿井的安全生产，随着矿井开采范围的不断扩大和开采深度的加深，井下涌水量观测点增多且分布较远，人工观测任务繁重；同时观测方法使用传统的“流速仪法”“堰测法”等，测量误差较大。人工测量方法所获得的测量数据有限，不能反映涌水量变化的真实情况，迫切需要一种集中化、智能化、高可靠性的矿用本质安全型水压、水位、水温、涌水量实时监测系统。

矿用实时监测系统可对煤矿井下几个至上百个分布式水文观测孔的水压、水位、水温、涌水量进行“一线多点”式的超远距离地面集中实时监测。实时监测数据能及时反映当前矿井不同含水层的水压、水位、水温及涌水量的动态变化情况，为矿井防治水工作提供可靠的依据。矿用实时监测系统的研制成功，实现了国内过去无法达成的远程矿井水压、水位实时监测，为各个大水矿区建立水害防治保障体系发挥了重要的作用。

系统由主站（设在监控中心内）、若干井上分站（设在长观孔孔口）及若干井下分站构成。主站包括：①微机系统；②打印机；③数据处理软件系统；④ GSM 网络数据通信设备。分站包括：①多功能监测仪（内置 GSM 通信模块）；②水位传感器；③流量传感器：④孔口安全防护装置。

实时监测系统的设计原理是采用总线网络拓扑结构方式，连接几个至上百个水文观测孔上的子站，子站将水压模拟信号转换成数字信号存储，并通过井下远程通信适配器及通信电缆传输到地面监测中心站。

依据现场实际需要，将压力变送器安装在水文地质长观孔中或井下排水管口，并配备相应的子站，子站壳体设计是防水全密闭结构。距离太远或子站数量太多时，可通过中继器扩展子站距离和数量。子站的电源设计采用了不间断防爆电源装置，将 AC127V 变换为 DC12V 供给子站，当电源装置出现故障时自动切换子站内部电池供电。地面监测中心通过远程有线通信网络系统对井下子站进行有效控制，实时监测并记录矿井所有观测点的水压、水位值及其变化情况。系统自动对实时水压数据进行整理、编辑，添加到已建立的矿井水情数据库中，根据需要生成相关的年月日报表、数据曲线，进行水文地质数据资料管理并打印输出结果。

系统具有量程大、测量精度高、实时性最佳、超远距离数据传输可靠、人机界面友好、操作简便、无人值守等优点。

系统的主要功能如下：

（1）对各地点、各参数、各时间单位传感器所接收的数据进行测量；

（2）完成地面中心站与各子站数据的传输，主机能实时地接收由各子站采集来的数据，并进行实时处理；

（3）通过地面中心站可以观察所有井下监测点的实时水压、涌水量情况，并以图形画面直观显示监测系统中的观测数据；

（4）自动生成系统中监测数据的报表，可打印年月日报表和对比报表、曲线，以及柱状图打印、柱状对比图打印；

（5）可以任意选定观测站进行重点监测；

（6）各个监测点的瞬时值和历史记录显示；

（7）各个监测点越限报警显示；

（8）对实时监测数据自动分析和判断是否超出报警范围，水压超限时，中心站计算机显示有关报警数据；

（9）所有监测数据可通过组态在 3min 到 24h 范围内进行设定和存储；

（10）系统监测数据最快每 3min 存盘一次，以随机值形成历史曲线，所有数据可以存储 1 年以上。

第二节　煤层底板突水预兆与防水煤（岩）柱监测

一、煤层底板突水预兆动态监测

在煤矿开采过程中，煤层底板受采动影响产生破坏，底板隔水层应力场、应变场也会相应发生变化；并在采动压力和承压水的共同作用下，原有裂隙进一步扩张或产生新的裂隙，地下水便沿裂隙“导升”，导致煤层底板裂隙水的水压和水温发生相应变化。因此，在煤矿开采过程中，对煤层底板可能发生突水的危险区段的应力、应变、水压、温度的动态变化过程进行监测，通过对监测数据进行计算和综合分析，实现对可能发生的突水提前进行预报之目的。

导致煤层底板隔水层破坏的主要因素是采动影响下底板应力的变化，而煤层底板应力场中任意一点的应力值随工作面的推进不断发生变化。根据多次底板破坏试验发现：煤层底板钻孔（破坏区）耗水量与底板应力的关系极为密切，当底板应力小于原始应力时底板钻孔出现耗水，应力越小，钻孔耗水量越大，钻孔耗水量峰值正好处于底板应力值谷底位置；从底板应力值大小与超声波在岩层中传播速度的关系可以看出，波速的峰谷值与应力的峰谷值完全对应，应力降到最底点时，波速亦降到最底点。从上述关系可看出，在工作面回采过程中底板破坏深度与导水性能随底板应力的增大而减小，反之随底板应力的减小而增大。可以认为岩体的破碎程度（裂隙发育程度）与其应力值的大小是密切相关的。因此可通过对不同深度的底板应力状态的监测，反映其底板的破坏深度及其变化过程。

应变值可以反映底板岩体破坏程度和变形的强弱，当底板岩体裂隙或原生节理在应力场的作用下沿其结构面产生移动时，埋设在不同深度应变传感器的监测值将反映煤层底板移动或变形的程度。

随着采煤工作面的推进，当岩体受超前支撑压力作用时，工作面底板岩体产生采前压缩变形，采后因悬空面而产生底板膨胀变形，以及后期顶板垮落压实而产生底板的受压变形。变形可分为弹性变形（恢复变形）和塑性变形（永久变形）。采前压缩变形时应力较大，相应变形较小，以弹性变形为主，而采后膨胀变形时应力降低到一定程度，岩体中的节理、裂隙则张开变宽，岩体变形较大，即产生底板破坏时，以塑性变形为主。当工作面开采过程中底板岩体破坏区变形为塑性变形时，为不可逆过程；而当底板变形为弹性变形时，可以认为该底板岩体未产生破坏，仍具有一定的抗水压能力。

受成岩活动和后期构造活动的影响，底板隔水层底部会产生一系列分散或集中的破裂带，当这些裂隙具有一定宽度且下伏含水层为承压水时，承压水可沿裂隙带上升到隔水层的一定部位，从而在隔水层底部形成承压水导升带，导升带的分布受到原生裂隙的控制，具有不连续性和不均一性。在采动的影响下，导升带是否会持续发展，即原生裂隙会不会进一步开裂、扩张，同时是否会产生新的裂隙，特别是能否造成下伏含水层水沿裂隙带进一步上升与煤层底板破坏带相沟通是能否发生突水的必要条件，也是回采中需要关注的问题。承压水向上传递的过程实际上是可以监测到的，通过对底板下煤系地层中的裂隙水的水压监测可以直观地了解下伏强含水层承压水是否向上导升以及导升的部位。结合对底板破坏深度的分析，可对监测部位突水的可能性进行估价。

地下水温受径流过程中岩体温度的控制，而岩体温度主要受地热增温率的影响，因此地下水循环越深，相应地下水的温度就越高。因此，当深部循环地下水通过裂隙通道进入隔水层内部时，过水通道附近岩体温度及煤系裂隙水的水温会出现异常。故可通过对煤系裂隙水水温的监测，预报可能发生的突水情况。

综上所述，煤层底板监测中的应力、应变状态反映了底板隔水层在采动影响下所受破坏以及导水性能的变化状况，监测水压直接反映承压水导升部位，监测水温则反映是否有深部承压水的补给。因此，可以通过对这四项监测指标的综合分析，进行突水预测预报。

二、水体下采煤监测

进行海下采煤的国家主要有英国、日本、加拿大、澳大利亚等国，其年产量在400万~1300万吨不等，多采用房柱式开采，也有条带充填或长壁充填开采。

我国尚未正式进行海下采煤，但在河下、湖下和水库下煤炭开采方面做了大量工作，如微山湖下和淮河下的成功开采，积累了较丰富的经验。微山湖下和淮河下开采均设计成长壁工作面，正规回采。水体下采煤主要经验是必须根据具体开采条件科学合理地留设防水煤岩柱，确保进行安全回采。

海下采煤关键问题是防止海水和泥沙溃入井下。在全面分析和综合研究矿井水文地质规律的基础上，加强近海陆地水位长期观测孔的监测工作，利用水质跟踪分析的方法，掌握矿井涌水与海水的关系以及各含水层水与海水的关系，是解决海下安全采煤问题的关键。因此，海水下采煤监测预警工作显得尤为重要。

龙口矿区是我国海滨矿区之一，海域内赋存有丰富的煤炭资源，位于山东省龙口市及蓬莱市境内。含煤面积东西长28km，南北宽12~15km。陆地部分面积约350km^2，海域部分面积145~150km^2，海水深度一般在5~15m。海域下埋藏有丰富的煤炭资源和油页岩资源，据局部勘探估算的煤炭储量达10亿吨，因此，积极开发海域下煤炭资源的重要性日益突出。

采用先进的科学监测手段，保证海域安全开采。为保证海域安全开采，达到实时监测的目的，矿井采用以太网下井，并与监测系统联通，做到随时掌握海域施工动态，有效地保证了海域的安全开采。

第三节　原位地应力测试

一、原位地应力测试理论基础

底板突水是采动矿压和底板承压水水压共同作用的结果，采动矿压造成了岩体应力场与底板渗流场的重新分布，二者相互作用的结果使底板岩体在其最小主应力小于承压水水压时，产生压裂扩容而发生突水，其突水判断依据为：

$I=P_w/\sigma_z$

式中 I——突水临界指数；

P_w——底板隔水岩体承受的水压；

σ_z 底板隔水岩体的最小主应力。

I 为无量纲因子，$I<1$ 时，不突水；$I>1$ 时，突水。

对于一个采煤工作面，底板承压水水压一般是已知的。关键问题是测定煤层底板隔水岩体中最小主应力 M 的量值大小以及采动效应所引起的 M 的变化，岩体原位测试技术由此而产生。与实践的结合说明了“临界突水指数”的普遍性和适应性，以及“岩水应力关系说”的合理性与可行性。

由于“岩水应力关系说”建立在对突水机理正确判断的基础上，在理论上是完备的，以此建立的新的突水预测预报技术多次应用在焦作、韩城、淮北、皖北等大水矿区，取得了较好的测试应用效果。

二、原位应力测试工程设计依据

1. 采动应力测试

（1）测试钻孔布置原则

考虑下巷较上巷受采动效应明显，其底板受到扰动深度大，因此，采动应力测试钻孔一般布置在工作面下巷。其余各孔的布置位置应以初次来压与周期来压的距离经验值为依据，兼顾底板构造情况依次布置。

（2）钻孔结构及施工技术要求

采动应力测试孔一般设计为斜孔，在施工条件允许的情况下钻孔俯角为30°~40°，且垂直下巷，并延伸至工作面煤层之下，其深度视工作面底板隔水层厚度而定，但垂深必须大于底板采动破坏深度的经验值，一般以 20~25m 为宜。当测试孔兼做探查孔或其他用途钻孔时，钻孔深度可适当进行调整。孔径应在 59mm 左右，误差控制在1mm 之内。钻孔偏中距在 5mm 之内。

（3）孔数

采动应力测试孔一般为 3~4 个，旨在通过多个测试孔的测试，提高测试精度，真实反映采动效应特点。

（4）测点布置

采动应力测试孔的布测点应以能探测到采动效应相关参数为宜，一般在最大破坏深度上下 1m 范围之内，布设 3~4 个测点，并兼顾底板隔水层中相对薄弱层位。

2. 地应力普查测试

①地应力普查孔应尽量布置在控制普查目的区域，均匀分布。

②普查孔根据施工条件可以设计为直孔或斜孔，其深度以能够探测到地层原始地应力参数为宜，一般垂深在 20~25m。

③地应力普查孔应布置在构造地应力异常地段，如裂隙带，背斜、向斜的轴部及两翼。

④地应力普查孔应尽量布置在隔水层变薄的区域。

⑤地应力普查孔的布测点应以控制隔水层关键层为宜。

3. 原位应力测试成果分析

实例分析：某 9103 工作面在采动过程中，其地应力变化具有如下特征：

①随着工作面的推进，压力—位移曲线的斜率逐步变小（见图 4-1），说明底板隔水层由于受采动影响，在超前支撑压力作用下，刚性下降，逐步软化。

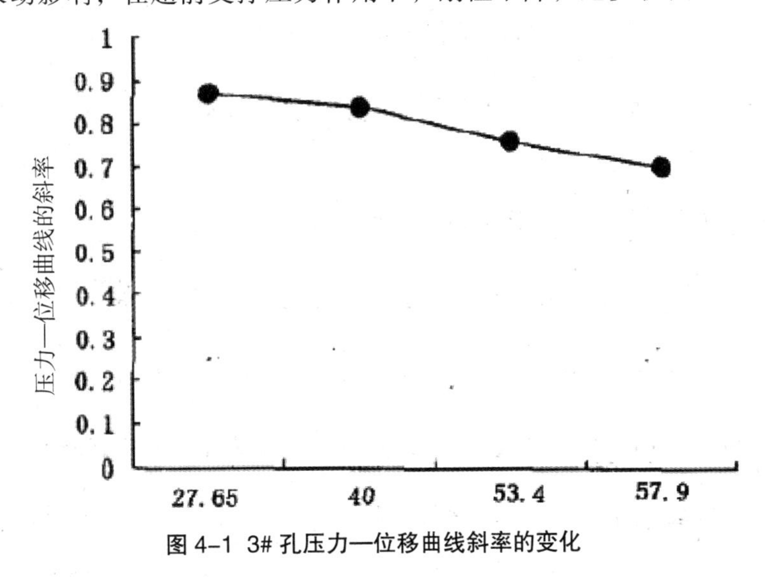

图 4–1　3# 孔压力—位移曲线斜率的变化

②随着工作面的推进，最小主应力 σ_z 在逐渐变小，虽然受测试精度的影响，局部数据出现反常，但总体趋势仍以下降为主。且在工作面推进过程中，最小主应力 6 始终在 4.0MPa 以上，大于底板所承受的水压力 2.58MPa。

③初次来压的距离 25~30m。

根据应力普查结果，结合计算机模拟图，该工作面所在的 9103 采区底板应力分布具有如下特征：

①各测试孔应力值均表现出不同程度的应力异常，且 P_c、σ_1、σ_2 值由深到浅依

次降低，这与岩体应力垂直分布规律基本吻合。

② P_c、σ_1、σ_2 值在空间上的分布与构造展布相吻合，即在背斜的轴部各应力值较小，而在背斜的两翼各应力值较大，应力较为集中。

第四节　岩体渗透性测试

井巷开拓与煤层回采使岩体破裂，地应力重新分布，当岩体裂隙中的水压大于岩体的最小主应力时，岩体裂隙张开、裂隙扩展，突水发生，这可以从岩体渗透性测试中得到证实。试验在多功能三轴渗透仪上进行，主要由水压加压系统，围压、轴压加压系统，三轴压力渗透室，微机测试系统等有机结合而成。

一、岩性不同的裂隙面渗透性试验

某研究区域煤层底板主要由砂岩、灰岩和泥岩等软硬不同的岩石组成，经过对具有裂隙的两类岩样在三轴渗透仪上做渗透性对比试验，得出：最大渗水量发生在 $P_w > \sigma_r$ 的条件下，但是 q—t 曲线有很大的不同，硬岩中 q—t 曲线和 σ_z 曲线形态几乎相同，q 始终不等于 0；软岩 q—Z 曲线变化较大，在 $P_w < \sigma_r$ 时，q=0，但只要接近于 P_w，就有一定流量的水渗出，并且当 $P_w > \sigma_r$ 时，开始有混浊的水流出，流量一般较大，持续一段时间后，渗流量越来越大，最后水量猛增，水更混浊，此时已不再是渗流，已形成“管涌”。由此可见，硬岩裂隙的封闭性较差，渗水较明显，但难以形成“管涌”；软岩裂隙的封闭性较好，但在一定条件下可能形成“管涌”。灾害性突水大多与“管涌”有关。试验中发现，当裂隙平行于轴向时，轴压对裂隙的突水影响较小，因此，突水判据可以表示为：

$$P_w > \sigma_r$$

二、裂隙面中有充填物的渗透试验

一般情况下，裂隙和断层中充满了充填物，它们对突水有着重要的影响。孔隙度较大的充填物，渗透性好，被其充填的裂隙可视为导水裂隙；反之，裂隙、断层如果被其他充填物充填，则具有一定的隔水性质，因此，试验的重点应放在泥质充填物上。试验中所使用的充填物是从煤层底板中取出的泥岩、泥页岩岩心。将其粉碎、筛分，细粉砂以下的岩粉充入 5mm 宽的人工裂隙中，按步骤制样、试验。

试验发现，泥质物存在一个起始水力梯度，只有当水力梯度 $I > I_0$ 时，才会发生明显渗透。I_0 即泥质材料单位长度阻抗水头压力的值，是其阻水能力的一种量度。理论上讲，I_0 的存在是由于泥质充填物存在结合水。为了对比，又在裂隙中充入粉砂，结果 $I_0=0$。

从对裂隙中有泥质充填物的三轴渗透试验可以得出，当围压等于水压 P_w 时并没有立刻发生突水，而是当围压继续下降到另一值时，出口端的水压突然增大，即所谓突水。其突水条件为：

$P_w > \sigma_r+T$

式中 P_w——水压；

σ_r——围压；

T——与充填材料性质有关的系数（即抗拉强度）。

当裂隙中为砂质充填物时，由于砂质充填物为典型的不抗拉材料，即 $T=0$，用同样的方法进行三轴渗透性试验，从中可以得到，当围压下降到静水压 P_0 时，出口处的水压 P_1 就会突然上升而突水。为考虑安全起见，考虑裂隙充填物为不抗拉材料：

$I=P_w/\sigma_r$

式中，I——临界突水指数。

当 $I \geqslant 0$ 时，裂隙可能发生突水；当 $I < 0$ 时，裂隙一般不会发生突水。

第五节　水害监测技术应用实例

一、海下采煤突水监测实例

北皂煤矿是我国第一个从事海下采煤试验的矿井。海下采煤的关键是要防止海水通过采动裂隙、导水断层和封闭不良的钻孔及其他因采矿生成的导水通道溃入矿井。根据北皂煤矿陆地与海域矿井水文地质条件，建立以采区水位监测系统为主的防海水溃入监测预警系统，对采矿活动引起的矿井地下水水位变化进行实时自动监测，掌握海水与地下水流场、地下水化学场变化的关系，从而实现对海水溃入矿井的预警。

监测矿井上、下地下水露头的水情（包括各含水层的水压、水量），尤其是采掘过程中水情的变化情况，能够分析判断海水的流动状况。在井下施工 2 个泥岩夹泥灰岩含水层观测孔（观 1 和观 2），在地面施工 1 个泥岩夹泥灰岩含水层观测孔（观 5）。这些孔与地面已有的观 4 孔（泥灰岩含水层）一起，连同海域水仓流量，共同组成了海域井上、下水情在线自动实时监测系统。

该系统可对地面观测孔地下水的水位实时无线遥测，并对井下观测孔和出水点的水情实时有线遥控。无线遥测通信可利用当地移动电话系统，有线遥控通信可利用井下安全监测系统。各种信息由安全监测系统的分站传送至系统总站，数据显示在调度室大屏幕上，从而实现对水量、水压和水温的在线自动实时监测。

通过研究古近纪煤系地下水与上覆第四纪含水层地下水及海水的化学成分及其特征，掌握矿区煤系各含水层水质背景资料，可以确定煤 2 以上各含水层（体）的特征离子与特征指标按先后顺序依次为：Cl^-、Mg^{2+}、Ca^{2+}、HCO_3^-、矿化度。以该海域煤 2

以上各含水层（体）水质指标为背景，用特征离子和特征指标的变化幅度，可进行海水溃入的预警：

（1）当变化幅度为10%，系统显示绿色，说明处于安全状态，可以正常工作。

（2）当变化幅度为10%~30%，系统显示黄色，说明处于戒备状态，需加强观测分析。

（3）当变化幅度为30%~50%，系统显示橙色，说明处于紧急戒备状态，需密切关注，时刻准备救援。

（4）当变化幅度为50%，系统显示红色，说明处于危险报警状态，要马上应急救援。

煤2顶板以上两个含水层，在正常情况下，随着海域井下的掘采，其水量和水位（水压）应不断下降。因此，当含水层观测孔的水位、水量的观测值上升时，则说明可能有其他含水层补给，属于水情异常。据此可初步确定海水溃入井下的预警阈值：

（1）当水位增加幅度小于5m，系统显示绿色，说明处于正常（安全）状态。

（2）当水位增加幅度在5~I0m，系统显示黄色，说明处于戒备状态。

（3）当水位增加幅度在10~20m，系统显示橙色，说明处于紧急戒备状态。

（4）当水位增加幅度大于20m，系统显示红色，说明处于危险状态。

应当强调，上述煤2以上煤系各含水层的水质指标和水位变化，必须综合分析，尤其要强调各项指标的时间同步性，才能真正起到预警的作用。

由于该系统具有防止海水溃入的预警阈值和预警指标，又有海域水质监测系统和井上、下水情在线自动实时监测系统，这就形成了较为完整的防止海水溃入预警系统的雏形。首采工作面试采期间，通过水质监测和井上、下水情监测，开展了防止海水溃入预警的初步实践，由于煤系中各含水层的水质变化和煤2以上两个主要含水层的水位变化都在正常范围以内，因此，没有发布海水溃入的预警信息。

二、东庞矿 9103 工作面突水监测

1. 钻窝工程布置

根据东庞矿 9103 工作面地质和水文地质条件以及综合物探成果资料分析，距切眼 80m 区段为可能发生突水危险区段，在该区段下巷（机巷）外侧煤体内布置钻窝，施工钻孔埋设传感器，距切眼 158m 布置钻窝，放置井下监测分站。

2. 传感器埋设

每个监测孔安装应力、应变传感器及水压—温度传感器各一个。安装顺序为从下到上为水压—温度传感器、应力传感器、应变传感器。

本次埋设应力、应变传感器为三分量传感器，分量之间的夹角为 60°，在埋设时应保持固定方位。I 指向工作面推进方向，Ⅱ与工作面推进方向垂直，Ⅲ指向采空区方向。

3. 突水监测结果分析

经过历时 43 天的突水监测，获得该工作面距开切眼 7~131m 范围内各传感器的监测数据，监测结果分析如下：

（1）根据工作面回采过程中水压、水温、应力、应变传感器监测数据的综合分析，在确认无突水征兆的情况下，没有发出突水预报，实现了该工作面的安全开采。

（2）取得了 9103 工作面现行开采条件下煤层底板岩体的变形破坏规律：9# 煤底板以下 11.7m（C3t）产生垂向上拉应力和拉应变且为整体变形，岩体已经破坏；1.7~13.4m（C2b 顶部灰岩），产生垂向上压应力和压应变且为塑性变形；13.8~15m（C2b 砂岩）垂向应力、应变程度大大减弱，基本未受采动影响。上述底板破坏及变形规律的取得，将为今后煤矿安全回采提供有实用价值的技术参数。

（3）监测曲线显示初次来压步距为 27.92m，四次周期来压步距分别为 26.65m、20.95m、16.69m 和 20.59m。上述煤层底板矿压异常现象及显现规律均被 9103 工作面的回采证实。这将为 9# 煤的顶板管理和支护设计提供可靠的依据。

第五章　矿井水害防治技术

矿井水害是煤矿建设和生产中的主要灾害之一。它不仅严重破坏矿井的正常建设和生产，而且还威胁工作人员的生命安全。目前不少矿井已进入深部开采，尤其是东部矿区强富水、高承压奥灰水、寒灰水造成的突水威胁日趋严重，有些矿区底板承压已达 10MPa 以上，突水类型变得更加复杂，水害问题更为突出。据统计，目前受水害威胁的矿井占国有重点煤矿矿井总数的 48% 以上。

第一节　安全煤（岩）柱留设技术

根据《煤矿防治水规定》和《煤矿安全规程》的规定，在水体下、含水层下、承压含水层上或导水断层附近采掘时，为防止水体中的水（砂）溃入井巷，在可能发生突水处的外围保留最小宽度的煤柱或一定高度的岩层，以增加煤（岩）层的强度，阻止水体突入矿井。这种保证地下采矿地段的水文地质条件不致明显变坏的最小宽度的煤（岩）柱，称为安全煤（岩）柱。

一、安全煤（岩）柱留设的原则

在进行安全煤（岩）柱的留设时，为保证实现留设的预期目的，必须遵循以下设计原则。

（1）有突水威胁又不宜疏放的地区，采掘时必须留设防水煤（岩）柱。

（2）相邻矿井的分界处，必须留设防隔水煤（岩）柱。矿井以断层分界时，必须在断层两侧留设防隔水煤（岩）柱。

（3）受水害威胁的煤矿，属下列情况之一的，必须留设防隔水煤（岩）柱。

①煤层露头风化带；

②在地表水体、含水冲积层下和水淹区邻近地带；

③与强含水层间存在水力联系的断层、断裂带或与强导水断层接触的煤层；

④有大量积水的老空（窑）和采空区；

⑤导水、充水的陷落柱和岩溶洞穴；

⑥分区隔离开采边界；

⑦受保护的观测孔、注浆孔和电缆孔等。

（4）煤矿各类防隔水煤（岩）柱的尺寸，应根据矿井的地质构造、水文地质条件、煤层赋存条件、围岩物理力学性质、开采方法及岩层移动规律等因素，由地测部门编制专门设计，煤矿总工程师组织有关部门审查批准。

（5）防水煤（岩）柱留设应在安全可靠的基础上，把煤柱宽度降到最低程度以提高资源利用率。为了充分利用资源，也可以用采后充填、疏水降压、改造含水层（充填岩溶裂隙）等方法，消除突水威胁，为少留设煤（岩）柱创造条件。

（6）一个井田或一个水文地质单元的防水煤（岩）柱应该在其总体开采设计中确定。即开采方式和井巷布局必须与各种煤（岩）柱的留设相适应，否则会给以后煤（岩）柱的留设造成极大的困难，甚至造成无法留设。

（7）在多煤层地区，各煤层的防水煤（岩）柱必须统一考虑确定，以免某一煤层的开采破坏另一煤层的煤（岩）柱，致使整个防水煤（岩）柱失效。

（8）在同一地点有两种或两种以上留设煤（岩）柱的条件时，所留设的煤（岩）柱必须满足各个留设煤（岩）柱的条件。

（9）对防水煤（岩）柱的维护要特别严格，因为煤（岩）柱的任何一处被破坏，必将造成整个煤（岩）柱系统无效。防水煤（岩）柱一经留设不得破坏，巷道必须穿过煤（岩）柱时，必须采取加固巷道、修建防水闸门和其他防水设施，保护煤（岩）柱的完整性。

（10）留设防水煤（岩）柱所需数据必须就地选取，邻区或外区数据仅供参考，若需采用时应适当增大安全系数。

（11）防水煤（岩）柱中必须有一定厚度的黏土质隔水岩层或裂隙不发育、含水性极弱的岩层，否则防水煤（岩）柱将无隔水作用。

（12）含水层隔水底界一定要查明，并要注意其是否局部缺失（所谓“天窗”）和其厚度变薄区。

二、安全煤（岩）柱的类型

我国煤矿地下开采中主要留设三种安全煤（岩）柱，即防水安全煤（岩）柱、防砂安全煤（岩）柱以及防塌安全煤（岩）柱。防水煤（岩）柱留设的目的就是防止地面水和地下水（包括松散层中的含水层水和基岩中的含水层水）向矿井（工作面）渗漏，最大限度地防止煤层开采后所形成的导水裂缝带波及上覆水体，避免上覆水体涌入井下，并使矿井涌水量变化不大。防砂安全煤（岩）柱的功能是在邻近松散层开采时，能使松散层底部弱含水层中的砂和水不向矿井（工作面）大量渗漏，保证生产安全。防塌安全煤（岩）柱的功能是在贴近松散层开采时，能使松散层底部泥砂不塌陷，使泥砂不进入矿井（工作面），保障安全生产。

根据安全煤（岩）柱的三种不同功能，可将水体下开采的采动影响程度划分成Ⅰ、Ⅱ、Ⅲ三个采动等级，其相应的煤（岩）柱留设原则也不同。防水安全煤（岩）柱属于Ⅰ级采动，它可承受垮落带和导水裂缝带的采动损害；防砂安全煤（岩）柱属Ⅱ级采动，它承受垮落带和部分导水裂缝带的采动损害；防塌安全煤（岩）柱属Ⅲ级采动，它只承受来自垮落带的采动损害。

三、防水安全煤（岩）柱留设

1. 防水安全煤（岩）柱的适用条件

防水煤（岩）柱允许受到Ⅰ级采动。它适应于强、中强含水层及其上方地表水体。在防水煤（岩）柱留设中，不允许导水裂缝带顶点波及水体。

（1）直接位于基岩上方的地面水体和松散层底部的强、中强含水层及其上方水体；

（2）松散层底部为不稳定黏性土隔水层的强、中强含水层水体；

（3）急倾斜煤层上方的各类地面水体和松散含水层水体；

（4）底界面下方无稳定的泥质岩类隔水层的基岩强、中含水层；

（5）要求作为水源地和旅游景点保护的地面和地下水体；

（6）矿井排水能力和排水系统有限或不足，不允许提高矿井涌水量；

（7）采用其他开采方法增加的涌水量会带来不合理的技术、经济效果。

2. 防水安全煤（岩）柱的留设方法

（1）防水安全煤（岩）柱尺寸

为了使导水裂缝带不波及水体，防水安全煤（岩）柱最小尺寸应当等于导水裂缝带的最大高度加上保护层的高度，水平、缓倾斜及倾斜煤层水体下开采防水安全煤（岩）柱留设。

留设防水安全煤（岩）柱时，需考虑以下两种特殊情况。

1）如果煤系地层无松散层覆盖或采深较浅时，应考虑地表裂缝深度。

2）如果松散含水层为强或中等含水层，而且直接与基岩接触，基岩风化带也含水，则应考虑基岩风化带厚度，风，实际上是将含水体底界下移至基岩风化带底界面。

（2）保护层厚度的选取

1）水平及缓倾斜煤层（0°~35°）、中倾斜煤层（36°~54°）开采时保护层厚度按实际要求选取。

2）急倾斜煤层（55°~90°）开采时，根据《煤矿安全规程》和《煤矿防治水规定》的要求，禁止在水体下开采急倾斜煤层，《建筑物、水体、铁路及主要井巷煤柱留设与压煤开采规程》中对于急倾斜煤层开采时保护层厚度的选取已无现实意义。

四、防砂安全煤（岩）柱的留设

1. 防砂安全煤（岩）柱的适用条件

防砂安全煤（岩）柱允许受到Ⅱ级采动。它适应于松散弱含水层、可疏降含水层及其上方水体。在防砂安全煤（岩）柱设计中，允许导水裂缝带顶点波及或进入松散弱含水层水体，但不允许垮落带波及该水体。导水裂缝带是否进入或进入的程度，取决于松散层底部弱含水层的固结程度、岩性组合结构、富水性及导水裂缝带内部的导水性程度分区。

有下列情况之一的，可以留设防砂安全煤（岩）柱：

（1）松散层底部为多层结构的弱含水层；

（2）松散层底部为稳定的单层黏性土隔水层，或弱含水层；

（3）松散层底部为有疏降条件的弱含水层；

（4）在松散层下采煤，涌水量的增加在技术经济上是合理的；

（5）在松散层下采煤，涌水量的增加对井下作业条件不会产生明显的变化。

2. 防砂安全煤（岩）柱的留设方法

1）防砂安全煤（岩）柱的最小尺寸

防砂安全煤（岩）柱垂高（$H_{砂}$）应等于垮落带的最大高度（$H_{垮}$）加上保护层厚度

（$H_{保}$）如图 5-1 所示，即：

$H_{砂}=H_{垮}+H_{保}$

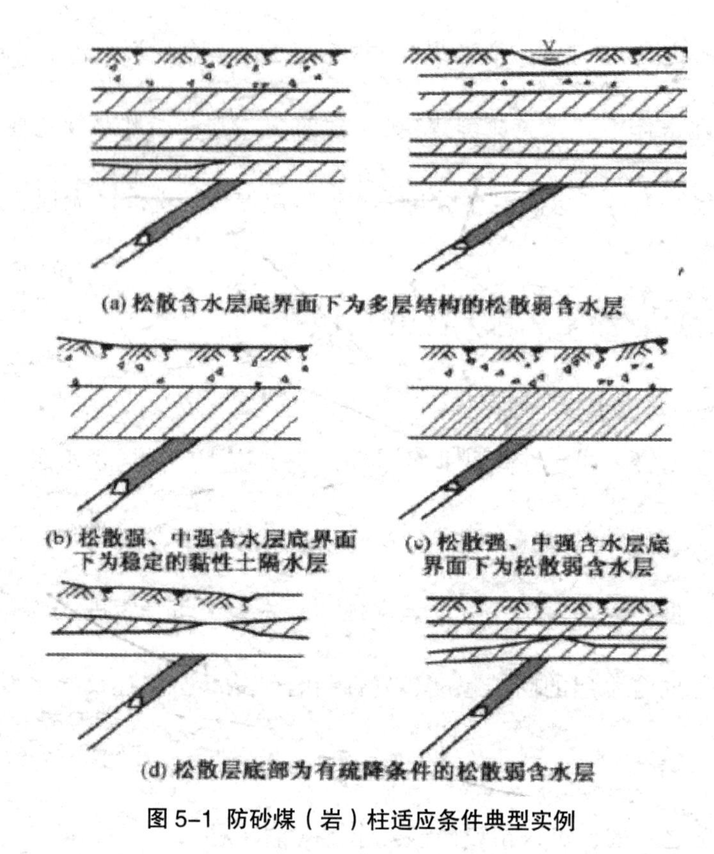

图 5–1　防砂煤（岩）柱适应条件典型实例

（2）防砂安全煤（岩）柱保护层厚度的选取

缓倾斜（0°~35°　）和中倾斜（36°~54°　）煤层防砂安全煤（岩）柱保护层厚度可按表 5-1 选取。

表 5–1　防砂安全煤（岩）柱保护层厚度

覆岩岩性	松散层底部黏性土层或弱含水层厚度大于累计采厚 /m	松散层全厚大于累计采厚 /m
坚硬	4A	2A
中硬	3A	2A
软弱	2A	2A
极软弱	2A	2A

注：$A=\sum M/n$，其中 $\sum M$ 为累计采厚，n 为分层层数。

五、防塌安全煤（岩）柱的留设

1. 防塌安全煤（岩）柱的适用条件

防塌安全煤（岩）柱允许受到Ⅲ级采用。它适应于隔水土层、可疏干含水层及其上方含水体。在防塌安全煤（岩）柱设计中，允许导水裂缝带进入松散层，同时允许垮落带顶点波及或进入该松散层。垮落带是否进入或进入的程度，取决于松散层底部土层或含水层的岩性、组合结构、富水性及垮落带内部的破坏性程度分区。

有下列情况之一者，水体下采煤时可留设防塌安全煤（岩）柱：

（1）松散层底部为稳定的厚层黏性土隔水层；

（2）松散层底部为稳定的厚层极弱含水层；

（3）松散层底部为有疏干条件的含水层。

2. 防塌安全煤（岩）柱的留设方法

防塌煤（岩）柱的垂高（$H_{塌}$）应等于或接近于垮落带最大高度（$H_{垮}$），即

$$H_{塌}=H_{垮}$$

上述各类安全煤（岩）柱留设时，需要明确煤层上覆岩层垮落带和导水裂缝带发育的最大高度，同时需要选取相应的保护层厚度。

六、断层防隔水煤（岩）柱留设

断层防隔水煤（岩）柱的留设分三种情况：含水或导水断层防隔水煤（岩）柱的留设；煤层与强含水层或导水断层接触防隔水煤（岩）柱的留设；煤层位于含水层上方且断层导水时防隔水煤（岩）柱的留设。

（1）含水或导水断层防隔水煤（岩）柱的留设

含水或导水断层防隔水煤（岩）柱的留设情况如图 5-2 所示。

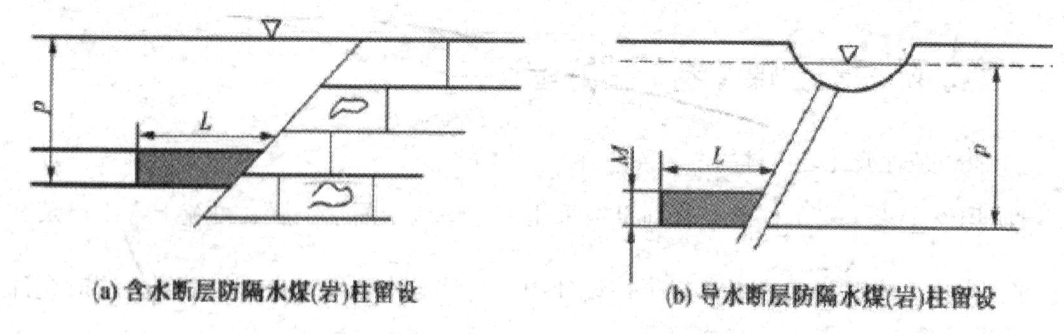

图 5-2 含水或导水断层防隔水煤（岩）柱留设

矿区如无实际突水系数，可参考其他矿区资料，但选用时应当综合考虑隔水层的岩性、物理力学性质、巷道跨度或工作面的悬顶距、采煤方法和顶板控制方法等一系列因素。

（2）煤层与强含水层或导水断层接触防隔水煤（岩）柱的留设

在有突水威胁但又不宜疏放的地区采掘时，必须留设防水煤（岩）柱。防水煤柱一般不能再利用，因此要在安全可靠的基础上尽量降低煤柱的宽度或高度，以提高资源利用率。防水煤（岩）柱的留设应与当地的地质构造、水文地质条件、煤层赋存条件等自然因素密切结合，同时还要与采煤方法、开采强度、支护形式等人为因素互相适应。

（3）煤层位于含水层上方且断层导水时防隔水煤（岩）柱的留设

在煤层位于含水层上方且断层导水的情况下，防隔水煤（岩）柱的留设应当考虑两个方向上的压力：一是煤层底部隔水层能否承受下部含水层水的压力；二是断层水在顺煤层方向上的压力。

第二节　井下探放水技术

生产矿井周围常存在有许多充水小窑、老空（窑）、富水含水层以及断层等含水体或含（导）水构造。当发掘工作面接近这些水体或构造时，可能发生地下水突然涌入矿井，造成水害事故。为了消除隐患，生产中经常使用探放水方法，查明采掘工作面前方的水情，并将水有控制地放出，以保证采掘工作面生产安全。探放水的对象包括老空（窑）水、断裂构造、陷落柱、导水钻孔以及充水含水层等。

一、探放水原则

根据《煤矿安全规程》和《煤矿防治水规定》的要求，探放水工作必须坚持“有疑必探，先探后掘”的原则。为此，《煤矿安全规程》和《煤矿防治水规定》规定：采掘工作面遇到下列情况之一的，必须确定探水线进行探放水。

（1）接近水淹或可能积水的井巷、老空（窑）或相邻煤矿。

（2）接近含水层、导水断层、暗河、溶洞和导水陷落柱。

（3）打开防隔水煤（岩）柱井下放水。

（4）接近可能与河流、湖泊、水库、蓄水池、水井等相通的断层破碎带。

（5）接近有出水可能的钻孔或封闭不良的钻孔。

（6）接近水文地质条件复杂的区域。

（7）采掘破坏影响范围内有承压含水层或者含水构造、煤层与含水层的防隔水煤（岩）柱宽度不清楚。

（8）接近有积水的灌浆区。

（9）接近其他可能突（出）水的地区。

实践证明，“有疑必探，先探后掘”的原则是防治煤矿井下水害事故的基本保证。在有水害威胁的地区进行采掘工作，都应坚持这一原则，绝不可疏忽大意，更不能存有侥幸心理，置水害情况于不顾，一味蛮干。

二、探放水钻孔设计

目前，我国煤矿井下水文地质超前勘探方法多种多样，主要有钻探、物探和化探等，而钻探成本较高、工期较长，但准确性最高。在探放水这个重要安全工程中，首先应当采用钻探方法。探放水是探水和放水的总称。探水是指采矿过程中用超前勘探方法，查明采掘工作面顶底板、侧帮和前方等水体的具体空间位置和状况等情况；放水是指为了预防水害事故，在探明情况后采取钻探等安全方法将水体放出。

1. 探放水工程设计的编制

煤矿企业在实施探放水工作之前，要先编制探放水工程设计，探放水工程设计的主要内容应包括以下几个方面：

（1）探放水巷道推进的工作面和周围的水文地质条件，如老空（窑）积水范围、积水量、确切的水头高度（水压）、正常涌水量，老空（窑）与上、下采空区，相邻积水区，地表河流，建筑物及断层构造的关系等，以及积水区与其他含水层的水力联系紧密程度。

（2）探放水巷道的开拓方向、施工次序、规格和支护形式。

（3）探放水钻孔组数、个数、方向、角度、深度和施工技术要求及采用的超前距与帮距。

（4）探放水施工与掘进工作的安全规定。

（5）受水威胁地区信号联系和避灾路线的确定。

（6）完善通风措施和瓦斯检查制度。

（7）防排水设施，如水闸门、水闸墙等的设计以及水仓、水泵、管路和水沟等排水系统及能力的具体安排。

（8）水情及避灾联系汇报制度和灾害处理措施。

（9）附老空（窑）区位置及积水区与现采区的关系图、探放水孔布置的平面图和剖面图等。

为方便控制水量，在水量和水压都较大的积水区或含水层打钻时都要做孔口管。孔口管是固定在孔口的一段钢管，它必须固定在坚硬完整的岩层内。孔口管做成后即可扫孔。扫孔超过孔口管深度后，需要对孔口管做一次耐压试验来检查孔口管的强度。如发现漏水，或达不到强度要求时，应进行第二次挤浆处理。水压不大的地方，也可以安装简易孔口管。

2. 探水钻孔参数的确定

探水钻孔的主要参数有超前距、帮距、密度和允许掘进距离。

（1）超前距

探水时从探水线开始向前方打钻孔，常是探水一掘进一再探水一再掘进，循环进行。而探水钻孔终孔位置始终超前掘进工作面一段距离，该段距离称超前距。

实际工作中，超前距一般采用20m。帮距（即中心眼与外斜眼之间的距离）一般与超前距一致（可略小1~2m）。钻孔密度（即掘进巷道终点处各探水眼的间距）一般不得大于3m，钻孔密度主要由钻孔夹角及钻孔的倾角控制。钻孔水平夹角分大夹角与小夹角两种，大夹角一般为7°~15°，小夹角一般为1°~3°。钻孔夹角的确定视老空（窑）区的规模而定，一般老空（窑）区规模大时取大夹角，规模小时取小夹角。

（2）允许掘进距离

允许掘进距离是指经探水证实无水害威胁，可安全掘进的长度。

（3）帮距

为使巷道两帮与可能存在的水体之间保持一定的安全距离，即呈扇形布置的最外侧探水孔所控制的范围与巷道帮的距离，其值应与超前距相同。超前距一般采用

20m，在薄煤层中可缩短，但不得小于 8m。

（4）密度（孔间距）

探水钻孔密度是指允许掘进距离终点横剖面上探水钻孔之间的间距。一般不超过 3m，以免漏掉积水区。

3. 探水钻孔布置

探水钻孔布置原则是它既要保障安全生产，又要确保不遗漏积水区，还要求探水工程量最小。布置探放水钻孔应当遵循以下规定：

（1）探放老空（窑）水、陷落柱水和钻孔水时，探水钻孔成组布设，并在巷道前方的水平面和竖直面内呈扇形布设。钻孔终孔位置以满足平距 3m 为准，厚虚层内各孔终孔的垂距不得超过 1.5m；

（2）探放断裂构造水和岩溶水等时，探水钻孔沿掘进方向的前方及下方布置。底板方向的钻孔不得少于 2 个。

（3）煤层内，原则上禁止探放水压高于 1MPa 的充水断层水、含水层水及陷落柱水等。如确实需要的，可以先建筑防水闸墙，并在闸墙外向内探放水；

（4）上山探水时，一般进行双巷掘进，其中一条超前探水和汇水，另一条用来安全撤人。双巷间每隔 30~50m 掘 1 个联络巷，并设挡水墙。

探水钻孔主要布置方式有扇形布置和半扇形布置。

①扇形布置。巷道处于三面受水威胁的地段，要搜索探放积水目标区，其探水钻孔多按扇形布置。

②半扇形布置。对于积水区肯定是在巷道一侧的探水地区，其探水钻孔可按半扇形布置。

4. 放水钻孔的确定

在探知老空（窑）积水的确切位置后，根据积水量的大小、巷道排水能力、矿井总排水能力、生产衔接允许的放水期限以及地质和水文地质条件，再设计放水钻孔。

放水钻孔孔径的选择

矿井放水孔孔径的大小，应根据煤层的坚硬程度、放水孔深度等因素来确定。如煤层的坚硬系数较大，钻孔较深，可选用稍大的孔径，反之则应选用较小的孔径。在生产实践中常采用 ϕ2、ϕ54、ϕ60 等孔径，一般不超过 ϕ60，以免因流速过高，冲垮煤柱。

5. 探水与掘进的配合

受水害威胁的地区，探水必须与掘进施工相结合，才能取得良好的防治水效果。

（1）双巷掘进、交叉探水

上山巷道掘进时，由于积水区在上方，巷道三面受水威胁，在这种情况下一般采用双巷掘进、交叉探水。其中一条巷道适当超前探水、放水，另一条巷道随后，用来安全撤出。双巷之间每隔 30~50m 掘一联络巷，并设挡水半墙，以便在其中的一条上山巷道出水时，水不会串到另一条上山巷道中去。

（2）双巷掘进、单巷超前探水

在倾斜煤层平巷掘进时，应保证靠近采空区的平巷（副巷）要超前于下面平巷（正巷）一段距离（20m），此时可只在副巷探水，正巷随后掘进。两巷之间每隔 30~50m 掘一联络巷，副巷探水，正巷为放水巷。

（3）平巷和开切眼相互配合探水

准备采煤工作面时，平巷（上风巷）应先探水掘进到位，然后再施工开切眼，这样既减少开切眼掘进的危险性，又减少开切眼掘进时的探水工作量。

（4）上山与下山相互配合探水

在受老空（窑）水威胁地区进行下山巷道掘进时，除警惕防止工作面和两帮来水外，还应特别注意背面来水。当上山巷道水害威胁未消除或正在探水时，下山巷道应停止工作，待水害威胁消除后再掘进。

（5）隔离式探放水

巷道掘进前方的水量大、水头压力高、煤层松软和裂隙发育时，在煤巷直接探放水很不安全，需要采取隔离方式进行探放水。在掘进石门时可从石门中探放积水，或在巷道掘进工作面前砌筑隔水墙，在隔水墙外探水。

三、探放水钻孔施工与安全

1. 探放水钻孔施工规定

（1）探放老空（窑）水、陷落柱水和钻孔水时，探水钻孔成组布设，并在巷道前方的水平面和竖直面内呈扇形。钻孔终孔位置以满足平距 3m 为准，厚煤层内各孔终孔的垂距不得超过 1.5m。

（2）探放断裂构造水和岩溶水时，探水钻孔沿掘进方向的前方及下方布置。底板方向钻孔不得少于 2 个。

（3）煤层内原则上禁止探放水头压力高于 1MPa 的充水断层水、含水层水及陷落柱水等。如果确实需要可以先建筑防水闸墙，并由闸墙外向内探放水。

（4）上山探水时一般进行双巷掘进，其中一条超前探水和汇水，另一条用来安全撤出。双巷间每隔 30~50m 掘 1 个联络巷，并设挡水墙。

2. 探放水安全技术措施

矿井探放水工作存在高承压水突出的危险，必须保证在一定的安全距离才能实施探放。矿井专用探放水钻机钻探深度大且具有防喷性能；而煤电钻钻探距离有限，一般只能用于在煤层中探查煤的厚度等，起不到预先探放水的作用。因此，矿井探放水必须用专用探放水钻机，严禁使用煤电钻探放水。

（1）探放水钻机安装

探放水现场作业直接关系到探放水人员的安全，关系到探放水周围地区甚至整个矿井的安危，严格要求钻探施工现场的安全环境和安全设施非常重要。探放水钻机的安装，应当符合以下规定：

①加强钻孔附近的巷道支撑，并在工作面迎头打好坚固的立柱和拦板。

②清理巷道，挖好排水沟。探水钻孔位于巷道低洼处时，应配备与探放水量相适应的排水设备。

③在打钻地点或其附近安设专用电话。

④依据设计，确定主要探水孔位置时，由测量人员进行标定。负责探放水工作的人员亲临现场，共同确定钻孔的方位、倾角、深度和钻孔数量。

⑤在预计水压大于 0.1MPa 的地点探水时，应预先固结套管并在套管口安装闸阀，套管深度严格按探放水设计规定，还应预先开掘安全躲避硐室，制定包括撤出的避灾路线等安全措施，并要求每个作业人员了解和掌握。

⑥钻孔内水压大于 1.5MPa 时，采用反压和有防喷装置的方法钻进，并制定防止孔口管和煤（岩）壁突然鼓出的措施。

（2）探放水钻孔承压套管的安装和加固

为确保探放水钻孔出水后能有效控制放水量，确保安全，在预计水压大于 0.1MPa 的地点探放水时，都应预先安装孔口承压套管。为确保承压套管的牢固可靠，开孔位置应选择在岩层比较完整、坚硬的地方。目前一般采用的是双层套管，承压套管要用高压注浆泵进行水泥固结，使套管和岩体成为一体。在水文地质条件复杂和水头压力、水量大的情况下，应安装孔口承压套管和控制闸阀进行钻进。

探水钻孔超前距离和止水套管长度：

①探放老空（窑）积水的超前钻距，根据水压、煤（岩）层厚度和强度及安全措施等情况确定，但最小水平钻距不得小于30m，止水套管长度不得小于10m。

②沿岩层探放含水层、断层和陷落柱等含水体时，应确定探水钻孔超前距离和止水套管长度。

（3）高压水探放措施

在高压水的探放过程中，当钻孔揭露含水层后，水头压力和水量会猛增，若不能有效控制，除直接影响钻进效率外，还特别容易出现高压水喷出或钻具被顶出等伤人事故。因此，在钻孔内水压大于0.5MPa的高压水地区施工探放水钻孔时，钻进和退钻应采用反压和有防喷装置的方法进行钻进和控制钻杆，并制定防止孔口管和煤（岩）壁突然鼓出的措施。反压就是给一个与水头压力反向的作用力；防喷就是防水、防钻杆、防孔内碎岩石块喷出。

（4）探放水钻孔孔径

为使遇到不可预测的高压水及其他危险情况时也能够得到有效控制，探放水钻孔终孔孔径规定一般不得大于75mm。这样探放水钻孔的开孔孔径也能得到控制，终孔对围岩的破坏性小，易于对探放水现场的围岩稳定性控制。井下现场空间有限，施工不便，为了提高效率和降低成本，在对井下钻孔设计时要考虑进行一孔多用，如探查构造、煤层的钻孔兼具堵水、疏水之用等。

（5）钻孔放水规定

钻孔放水应根据矿井排水系统的能力，控制放水量，防止淹井。钻孔在放水前，应测定孔内初始水压；在放水过程中，也应监测放水孔出水情况，观测水量和残存水压，做好记录，及时分析，直至把水放净。如果放水量突然变化，必须及时处理；若水量突然变小，有可能是放水孔被堵塞，可采用钻杆透孔及时处理，但未安装孔口管的不得透孔。

（6）探放水过程中异常情况的处理

人们在与矿井水长期斗争中积累了宝贵的经验，总结了在钻进时接近或揭露强含水体的一般征兆。在钻进时，当煤岩出现松软、片帮、来压或钻孔中的水压、水量突然增大以及顶钻等异状时，都说明前方已经接近或揭露了强含水体。当遇到这种异常情况时，如果继续钻进，或将钻杆拔出，极有可能会造成更大的出水难以控制以及钻杆在拔出的过程中被高压水顶出伤人事故。因此，必须及时停止钻进，将钻杆固定，严禁移动和起拔，钻机后面严禁站人，以免钻杆伤人。

在钻孔出现出水异常情况时，现场负责人员应当及时将现场的情况向煤矿调度室汇报。调度室接到上报的情况后，可以根据具体情况进行全矿统一调度指挥，包括排水系统的准备、撤出路线的确定，以及现场应采取的安全技术措施等。如果发现现场情况危急时，必须立即撤出所有受水害威胁地区的人员，派专业技术人员监测水情，为采取安全措施提供可靠的科学理论依据，进行处理。

四、探放老空（窑）水

1. 老空（窑）积水边界与探水线的确定

（1）积水边界线的确定

调查所有小窑、老空（窑）分布资料，据物探资料，经物探及钻探核定后，划定积水范围，圈定积水边界，其深部界线应根据小窑或老空（窑）的最深下山划定。

（2）探水线的确定

沿积水线水平外推 60~150m 距离划一条线即探水线（上山掘进时为顺层的斜距）。此数值由积水边界线的可靠程度、水压力大小、煤的坚硬程度等因素来确定。当巷道掘进至此线时，开始探水。

对老空（窑）区探水线有如下规定：

①对本矿井采掘工作造成的老空（窑）区、老巷、硐室等积水区，水文地质条件清楚，水压不超过 1MPa 时，探水线至积水区最小距离在煤层中不小于 30m，在岩层中不小于 20m。

②对本矿井的积水区，虽有图纸资料，但不能确定积水区边界位置时，探水线至推断积水区边界的最小距离不得小于 60m。

③对有图纸资料的小窑，探水线至积水区边界的最小距离不得小于 60m；对没有图纸资料可查的小窑，必须遵循“有疑必探，先探后掘”的原则，防止发生透水事故。

④掘进巷道附近有断层或陷落柱时，探水线至最大摆动范围预计煤柱线的最小距离不得小于 60m。

⑤石门揭开含水层前，探水线至含水层最小距离不得小于 20m。

（3）警戒线

由探水线再平行外推 50~150m，（在上山掘进时指倾斜距离）即警戒线，当巷道掘进至此线后，应警惕积水威胁，并注意掘进时工作面水情变化。如发现有透（突）水征兆，应提前探放水。

探水线和警戒线的外推数值，由积水边界的可靠程度、积水区的水头压力、积水量的大小、煤层厚度及其抗张强度等因素确定。在确定探水线、警戒线时可参考表 5-2 的经验值。当巷道到达警戒线时要注意迎头是否有异常变化。如发现有透水征兆，应提前探放水；如无异常现象则继续掘进，到达探水线时作为正式探水起点。

表 5-2 积水线外推探水线、警戒线经验值

边界名称	确定方法	煤层软硬程度	调查资料分析判别	参考图纸数量	由图纸确定
探水线	水平外推	松软	100~150m	80~120m	30~40m
		中等	80~120m	60~80m	25~30m
		坚硬	60~100m	40~60m	20~30m
警戒线	探水钻孔的布置或由探水线平行外推		60~80m	40~50m	10~20m

五、探放断层水

据统计，矿井突水事故中有 80% 以上是位于断裂带或其附近。因此当采掘工作面将要揭露或接近断裂构造时，都必须进行探水，以防止突水事故发生。

1. 断层探放水原则

凡遇下列情况都必须探水：

（1）采掘工作面前方或附近有导水断层存在，但具体位置不清或控制不严时；

（2）采掘工作面前方或附近，预测有断层存在，但具体位置和含（导）水性不清，有可能突水时；

（3）采掘工作面底板隔水层厚度与承受水压都处于临界状态，采掘工作面影响范围内断层赋存情况不清，一旦遇到就可能出现突水；

（4）巷道揭露或穿越断层无突水征兆，但隔水层厚度及实际水压接近临界状态，工作面回采时可能突水；

（5）井巷工程在浅部穿越断层时已证实不含（导）水，但深部有可能突水时；

（6）根据井巷工程和断层防水煤柱留设的特殊要求，必须查明断层时；

（7）采掘工作面接近推断导水断层 100m 时，或距已知含（导）水断层 60m 时；

（8）采区内小断层使煤层与强含水层的距离缩短时，或采区内构造不清、含水层水压大于 3MPa 时。

2. 断层水探查

（1）查明断层位置、落差、走向、倾向、倾角、断裂带宽度、充填物和充填程度、断层的导水性与富水性；

（2）查明断层两盘断裂外带裂隙、岩溶发育情况、两盘对接的部位的岩层及其富水性；

（3）查明煤层与强含水层的实际间距（即隔水层的实际厚度）；

（4）查明断层探水孔不同深度处的水压、水量、冲洗液消耗量，确定或判断底板水在隔水层中的导升高度；

（5）通过放水试验和连通试验明确断层导水性、富水性以及通过断层的侧向补给水量，为安全采掘、矿井防治水措施提供实际资料与理论依据。

为探明以上内容，应先提供断层面等高线图，两盘主要煤层、含水层对接关系图，探测断层预想剖面图。

3. 断层探放水方法

断层探水方法与探老空（窑）水方法相似，但探水钻孔孔数要比探老空（窑）水少，一般为 3 个孔，钻孔布置方式按探查目的不同略有差异。

(1) 探查工作面前方已知或预测含（导）水断层

一般先沿巷道掘进方向布置前方 1 号孔，尽可能揭露或穿透断层，然后再打 2 号、3 号孔，以确定断层走向、倾向、倾角和断层的落差及两盘的对接关系。其中至少有一个孔打在断层与含水层交面线附近。

（2）隔水岩屋处于临界状态时，对掘进工作面前方断层的探查

一般沿巷道掘进方向往前方施工 3 个孔，尽量深打，争取一次打透断层，否则就必须留足超前距，边探边掘直至探明断层的确切情况，再决定具体的防水措施。

（3）巷道实见断层，在采动影响后进行有无突水危险性的探查

巷道施工过程中已经揭露断层，在回采过程中受采动影响断层有无突水性探查时，一般应向下盘预计采动影响带内施工 1 号钻孔，探明断层带的含（导）水和水压、水量等情况。若有水，采后就很可能突水；若无水，则还应向预计采动带以下施工 2 号钻孔，然后根据具体条件，分析突水的可能性并采取相应的防水措施。

（4）断层带底板承压水导升高度探查

一般在断层落差较大的部位或选择断层走向上的两个部位布置钻孔，设计揭露断层点距底板承压含水层不同高度的 2~3 个钻孔，观测记录钻孔揭露断层时的水压、水量或冲洗液消耗量，然后根据具体条件分析承压水导升高度。

4. 断层水的预防和处理

探明断层情况后，根据断层水文地质特点和通过断层导水水源的不同，判定断层突水及其造成的危害程度，采取相应的防治措施。

（1）断层带不含（导）水。水源为孔隙、裂隙含水层水时，一般没有突水危险，掘进巷道可以直接通过，回采时可以不留防水煤柱，但需加强支护防止塌落冒顶；若水源是冲积层、薄层岩溶含水层及其他水体时，掘进巷道可通过，必须先打孔疏放其储存量，证实水压、水量不大时，再过断层带，并加强支护。回采时一般可以不留煤柱。

（2）断层带弱含（导）水，有可能突水的断裂带。水源为孔隙、裂隙含水层时，一般情况下，掘时巷道可以通过，需加强支护，防止冒落。如水压、水量较大时，应先打孔疏水降压，然后再过断层，并加强支护。回采时可以不留防水煤柱，但应留煤柱，防止冒顶事故发生。若水源是冲积层、薄层岩溶含水层及其他水体时，巷道掘进时要超前探水，把水压降至安全值以下，再接近或穿过断层带。回采时如隔水岩柱不足，应留设防水煤柱；若水源为厚层强岩溶水或大型地表水体时，巷道掘进必须超前探水，无水时要做压水检查，有水时应封孔绕行或预注浆通过。回采时须留设断层防水煤柱，水压大于安全值时应疏水降压。

（3）富含水或导水性强、突水可能性大的断层。水源为孔隙、裂隙含水层时，巷道掘进必须穿过断层时应超前探水、放水，把水压降至安全值以下，并加强巷道支护，保护围岩的稳定性，回采前疏水降压至安全值以下，并留设防塌煤柱，以防止沿断层产生冒顶。水源是冲积层、薄层岩层含水层时，巷道掘进时要超前探水，钻孔无水时，用手镐掘进或放小炮通过，但需进行特殊支护，防止滞后突水。水压、水量较大时，应预注浆通过断层或留设防水煤柱，回采时应按规定留设防水煤柱。水源为厚层强含水层或大型地表水体时，巷道掘进应超前探水，并留设断层防水煤柱，不得接近或通过。若必须通过时，应打探查构造和含水层勘探孔，待查明条件后绕行或预注浆过断层带。回采时探明断层位置，留足防水煤柱，必要时应该暂缓开采。

六、探放陷落柱水

在煤层底板下伏巨厚层状碳酸盐岩充水含水层组的华北型煤田，由于导水岩溶陷落柱的存在，某些处于上覆地层本来没有贯穿巨厚层状碳酸盐岩强充水含水层的中、小断层或一些张裂隙，成为水源补给充沛、强富水的突水薄弱带。井巷工程一旦触及这些薄弱带，将不可避免地引发突水或淹井事故。若导水岩溶陷落柱本身直接突水，其后果就更为严重。

1. 导水陷落柱水文地质特征

（1）使不同地段井巷涌（突）水量大小相差悬殊，在导水岩溶陷落柱附近，涌（突）水一般比较集中，且水量长期稳定。

（2）由于岩溶陷落柱的强烈补给作用，煤层顶底板充水含水层往往会出现局部高水位的异常区。

（3）由于导水岩溶陷落柱的存在，煤层顶底板充水含水层地下水的水质差异表现得不明显，基本属于同一类型。

（4）矿井涌（突）水量增长迅速。

2. 导水陷落柱对生产的影响

（1）由于陷落柱的存在，某些处于上覆地层本来没有贯穿煤系基底强含水层的中、小断层或一些张裂隙，成为储水空间，形成水源充沛、富水性强的突水薄弱带，一旦被揭穿将引起突水现象。

（2）若导水陷落柱直接突水，其后果就更严重。强含（导）水陷落柱总是与煤系基底的强岩溶承压含水层的集中径流带有水力联系，在短期内能通过岩溶网络汇聚广大范围内的地下水，同时可以获得巨大的补给量，对矿井的危险极大。

3. 陷落柱水探查方法

对陷落柱的探查，主要是应用地面物探方法探查陷落柱的分布位置和范围，标定疑似导水区，留设防水煤（岩）柱。采掘工作需要穿过物探疑似区时，可采取井下探查和治理措施。探放岩溶陷落柱导水性钻孔的布置和施工应注意以下问题：

（1）水压大于 1MPa 的岩溶陷落柱原则上不沿煤层布置探放水钻孔，钻孔应布设在煤层底板岩层中。如果必须在煤层中布置钻孔，要防止沿煤层埋设的孔口安全止水套管被高承压水突破造成事故。

（2）探放陷落柱水的钻孔孔口安全装置、安全注意事项与探高压断层水的钻孔要求相同。

（3）探放帽落柱水的钻孔要提高岩芯采取率，及时进行岩芯鉴定，做好断层破碎带，和岩溶陷落柱的分辨工作，编制好水文地质图表。

（4）探放陷落柱水的过程中，必须严格执行钻孔验收和允许掘进距离的审批制度。

（5）探放陷落柱水的过程中，必须监测并记录孔内水压、水量和水质的变化，发现异常应加密或加深钻孔，争取直接探到岩溶陷落柱。

（6）探到岩溶陷落柱无水或水量很小时，要用水泵进行略大于区域静水压力的压水试验，以便进一步检验其导水性。同时要向其深部布孔，了解深部的含（导）水性和煤层底板强岩溶充水含水层的原始抬高高度。

（7）钻孔探测后必须注浆封闭，并做好封孔记录。

七、探放钻孔水

1. 钻孔水水文特征

矿区在勘探阶段施工的各类钻孔，往往贯穿若干含水层组，有的还可能穿透多层老空（窑）积水区，甚至含水断层等。若封孔或止水效果不好，人为贯通了本来没有水力联系的含水层组或水体，就会使煤层开采的充水条件复杂化。因此，必须采取有效措施防止出现导水钻孔，封闭确已存在或有怀疑的所有导水钻孔。

防止出现导水钻孔的基本措施：

（1）各类勘探孔达到勘探目的后，应立即全孔封闭，包括第四纪潜水含水层以下各含水层组。

（2）为了防止水砂分离或黏土稀释流失，封孔不能用水泥砂浆或黏土，要用高标号纯水泥。

（3）严重漏水段，应先下木塞止水，然后注浆，防止水泥浆在初凝前漏失。

（4）要先提出封孔设计，进行分段封孔并分段提取固结的水泥浆样品，实际检查封孔的深度和质量，由上而下，边检查边封闭，做好记录，最后提交封孔报告书。

（5）需要长期保留的观测孔、供水孔或其他专门工程孔，必须下好止水隔离套管。

（6）已下套管的各类钻孔，使用前也应按要求加以封孔。

（7）所有钻孔的孔口均应埋设标志，并要准备测斜资料，便于确定不同深度的偏斜位置。

2. 探放钻孔水的步骤

（1）绘制钻孔分布图，将过去有关部门钻进的各类钻孔都准确地标定在图上。

（2）建立钻孔止水质量调查登记表，分析确定有怀疑的导水钻孔，并将其标到有关的采掘工程平面图和储量图上，圈定警戒线和探水线。

八、探放充水含水层

由于基岩裂隙水的埋藏、分布和水动力条件都具有明显的非均质和各向异性，煤层顶底板砂岩裂隙水、岩溶水等在某些地段对采掘工作面可能没有任何影响，但在另一些地段却可能不同程度地威胁着矿井的安全生产。为确保矿井安全生产，必须探明各类充水含水层的水量、水压和补给水源等，做到有备无患。

防治煤层顶底板充水含水层的各种水害，既要从整体上查明矿井水文地质条件，采取疏干降压或截源堵水等不同的防治水措施，又要重视井下采区的探查。井下探查往往是疏干降压或截源堵水等防治水措施合理制定的先行步骤和重要依据。如无水或补给量很小，通过探查孔放水即能达到降压或疏干的目的；若补给水源丰富，水量大，需要通过井下“大流量、深降深”的放水试验和物探、化探方法的配合，查清条件后采取相应的防治水方法。

1. 探放顶板含水层水

（1）石门揭露含水层之前，应按要求预留超前距，布置扇形钻孔进行超前探水。

（2）在开拓井巷之前，导水裂缝带可能破坏至顶板含水层时，应通过附近巷道的实际观测，找出构造裂隙比较发育而可能突水的地段，布置探查孔进行放水试验，了解水压和水的补给量、储存量，将水疏放出来后进行回采。

（3）通过探查，证实本含水层与强含水层或其他水体未发生水力联系，且采区有足够的排水能力时，可在采区最底部位首先回采，实行采动放水；也可以根据生产开拓的需要，直接在含水层内掘巷道放水。

2. 探放底板含水层水

矿井采掘时一般不揭露底板含水层，但随着采深的加大，承压水压越来越大，可能发生底板突水事故。当其与强含水层沟通时，往往会造成淹井。实践证明，加强井下探放是预防此类水害的关键措施之一。对底板突水水文地质和工程地质条件的探查，与一般探放水有相同之处，但也有自己的特点：必须地面和井下、钻探和物探相结合，并与探断层水相结合。有煤层底板突水危险的煤田，在地质勘探阶段就要探查突水的水文地质条件。

（1）地面钻探。普查、详查及精查阶段都应有一定数量的探煤地质孔延深到煤系基底的主要含水层，了解煤系最底部可采煤层与主要含水层之间的距离、岩性，以及其间所夹的弱、中含水层厚度，用压水试验的方法了解含水层的透水性。延深孔段必须取全芯观察，素描岩芯裂隙或岩溶发育状况，并利用其中有代表性的岩芯样做岩石的物理力学性质测定。对整个煤田来说，勘探结束时，这种延深孔的范围应达到700m × 700m。

通过专门的水文地质孔对煤层底板弱、中含水层和主要含水层进行分层抽水试验，了解其富水性，组织必要的群孔抽水试验，了解其补给量、储存量，并保留一部分钻孔做长期观测用，以掌握地下水动态变化。

生产补充勘探则要进一步针对开拓采区或水平，进一步加大探查密度，确切掌握采区的隔水层厚度、岩性及其物理力学性质，尽量减少井下揭露主要含水层的探水钻孔。同时应积极采取地震勘探、电法勘探、空间透视和航空遥感等手段进行普查控制。

（2）井下物探。利用开拓巷道用物探方法探测主要含水层的界面，了解隔水层厚度，底板含水层的富水带及其地下水沿构造裂隙上升的原始导高，矿山压力对底板隔水层的破坏和影响深度以及必要的孔间透视等。

（3）地面物探。根据条件采用地震勘探、电法勘探、空间透视和航空遥感等手段进行普查控制。主要包括：在煤系与基底主要含水层的界面，绘制主要含水层顶面等高线图和相应的剖面图；煤系外围主要含水层隐伏区（第四纪覆盖）和裸露区的分布范围及断裂构造切割状况，查找其富水区或集中径流带；查找主要含（导）水断层、岩溶陷落柱的分布，圈定可疑区。

（4）探查资料的整理分析。探查结果需归纳整理的资料包括：主要含水层顶面等高线图；换算成真厚度的底层煤至主要含水层的隔水层厚度变化状况图，圈出最薄区段；主要承压含水层水沿构造裂隙进入隔水层的原始导升高度状况图，圈出最高区段；次要含水层的富水性图，圈出水压、水量特别高的区段；断裂构造分布状况和探查结果图，标明其产状、断距和相互交切情况；纵横水文地质剖面图，反映断层两盘岩层对接情况；次要含水层放水试验时水压、水量及观测网点动态变化曲线图；隔水层岩石分层物理力学试验成果柱状图；各探查孔水文地质图表；次要含水层的补给量和储存量计算结果及疏干降压趋势分析预测图。

第三节 疏水降压技术

疏水降压是指受水害威胁和有突水危险的矿井或采区借助于专门的疏水工程（疏水石门、疏水巷道、放水钻孔、吸水钻孔等），有计划、有步骤地对煤层上覆或下伏强含水层中的地下水进行疏放，使其水位（压）值降至安全采煤时的水位（压）值以下的过程。

煤矿井疏水降压的目的是预防地下水突然涌入矿井，避免突水灾害事故发生，改善劳动条件，提高劳动生产效率，消除地下水高水压造成的破坏作用等，是煤矿防治水的重要措施之一。

疏水降压能调节流入矿井的水量和充水含水层水压（位）的动态特征，因此，与矿井一般的排水在概念上是有区别的。当然，疏干降压和矿井排水均是矿井防治水的基本手段，而且矿井排水对于每一个矿山都是必不可少的工作。疏干降压与矿井排水的主要区别表现在：前者是借助于专门的工程及相应的排水设备，积极有计划、有步骤地疏干或局部疏干影响采掘安全的充水含水层；而后者只是消极被动地通过排水设备，将流入水仓的水直接排至地表。由此可见，疏干降压在调节矿井涌水量、改善井下作业条件，以及保证采掘安全乃至降低排水费用等方面起着矿井排水所起不到的作用。

对于一些水害隐患严重的矿区，为了降低矿井涌水量，降低吨煤开采成本，提高经济效益，可采取注浆截流，浅排和排、供、生态环保三位一体结合等措施，与疏水降压方法统筹考虑进行综合防治。

一、疏放条件

（1）煤层（组）顶板导水裂缝带范围内分布有富含水层，必须进行疏干开采。

（2）被松散富含水层所覆盖、浅埋缓倾斜煤层，需要疏干开采时，应进行专门水文地质勘探或补充勘探，查明水文地质条件，并根据勘探评价成果确定疏干地段，制定疏干方案。

（3）疏干开采半固结或较松散的含水第三系煤层时，采前应着重解决如下问题：

①查明流砂层的埋藏分布条件，研究其相变及成因类型

②查明流砂层的富水性、水理性，预计涌水量和预测可疏干性，建立动态观测网，观测疏干速度和疏干半径。

③在疏干开采试验中，应观测研究导水裂缝带发育高度，水砂分离方法，砂土休

止角，巷道开口时溃水、溃砂的最小垂直距离，钻孔超前探放水安全距离等。

④研究对溃水、溃砂引起地面塌陷的预测及处理方法。

（4）若煤层顶板受开采破坏后，其导水裂缝带波及范围内存在强含水层（体）时，掘进、回采前必须对含水层采取疏干措施。要进行专门水文地质勘探和试验，并编制疏干方案，选定疏干方式和方法，综合评价疏干开采条件和技术经济合理性。

（5）在矿井疏干开采过程中，应进行定性、定量分析，可应用“三图 - 双预测法”进行顶板水害分区评价和预测。有条件的矿井可应用数值模拟技术，进行垮落带、裂缝带发育高度、疏干水量和地下水流场变化的模拟和预测。

（6）承压含水层与开采煤层之间的隔水层能承受的水头值大于实际水头值时，开采后隔水层不易被破坏，煤层底板水突然涌出可能性小，可以进行“带压开采”，但必须制定相应安全措施。

（7）隔水层能承受的水头值小于实际水头值时，开采前必须遵守下列规定：

①采取疏水降压方法把承压含水层的水头值降到隔水层能允许的安全水头值以下，并制定安全措施。

②承压含水层的集中补给边界已经基本查清，可预先进行帐幕注浆，截断水源，然后疏水降压开采。

③承压含水层的补给水源充沛，不具备疏水降压和帐幕注浆的条件时，可酌情采用局部注浆加固底板隔水层和改造含水层为弱含水层的方法，但必须编制专门的设计，在有充分防范措施的条件下进行试采，并制定专门的防止淹井措施。

（8）有条件的矿井可采用“五图 - 双系数法”或“脆弱性指数法”等对底板突水危险性进行综合分区评价，预估最大涌水量。预计方法可采用比拟法、解析法和数值模拟法等。

“五图—双系数法”是一种煤层底板水害评价的方法。“五图”是指底板保护层破坏深度等值线图、底板保护层厚度等值线图、煤层底板上的水头等值线图、有效保护层厚度等值线图和带水压开采评价图;“双系数”是指带压系数和突水系数。

“脆弱性指数法”是将可确定底板突水多种主控因素权重系数的信息集成与具有强大空间信息分析处理功能的 GIS 耦合于一体的煤层底板水害评价方法。它是评价在不同类型构造破坏影响下，由多岩层组成的煤层底板岩段在矿压和水压联合作用下的突水风险的一种预测方法。它不仅考虑煤层底板突水的众多主控因素，而且考虑多因素之间复杂的相互作用关系和对突水控制的相对权重，并可实施脆弱性的多级分区。根据信息融合的不同数学方法，脆弱性指数法可划分为非线性和线性两大类。非线性脆弱性指数法包括基于 GIS 的 ANN 型脆弱性指数法、基于 GIS 的证据权重法型脆弱性指数法和基于 GIS 的贝叶斯法型脆弱性指数法等；线性脆弱性指数法包括基于 GIS 的 AHP 型脆弱性指数法等。

二、疏干程序

矿井疏干程序可分为疏干勘探、试验性疏干和经常性疏干三个逐渐过渡程序。

1. 疏干勘探

疏干勘探是以疏干为目的的水文地质勘探补充。疏干勘探往往要依靠抽水试验、放水试验、水化学试验、水文物探试验及室内试验来完成，在有条件的矿区，应采用放水试验方法。具体实施过程如下：

（1）查明矿区疏干所需要的水文地质资料。

①地下水的补给条件及运动规律。

②水文地质边界条件，包括对补给边界及隔水边界的评价。

③地下水的涌水量预测，包括单一充水含水层或充水含水组的天然补给量、存储

量及其长年季节性的变化。

④疏干含水层与地表水体或其他充水含水层之间的水力联系及可能的变化。

⑤含水层的导水系数及储水率。

⑥疏干工程的出水能力、疏干水量、残余水头及疏干时间等。

（2）确定疏干的可能性，提出疏干方案。疏干方案的制定一般应遵循下列原则：

①应与煤矿建井、开采阶段相适应。

②疏干能力要超过充水含水层的天然补给量。

③疏干工程应靠近防护地段，并尽可能从充水含水层底板地形低洼处开始。

④疏干钻孔数应采用多种方案进行试算，孔间干扰要求达到最大值，水位降低能满足安全采掘要求。

⑤疏干工作不能停顿，应根据生产需要有步骤地进行。

⑥水平充水含水层应采用环状疏干系统，倾斜充水含水层应采用线状疏干系统。

2. 试验性疏干

试验性疏干方案的正确制定表现在矿井开采初期能降低水位，并能经过 6~12 个月，特别是雨季的测验。要尽可能利用疏干勘探工程，并补充疏干给水装置。通过试验，了解确定干扰效果及残余水头等情况，在此基础上进行疏干勘探工程的适当调整。

3. 经常性疏干

经常性疏干是生产矿井日常性的疏干工作。随着开采范围的扩大和水平延伸，疏干工作要不断地进行调整、补充，甚至根据新获取的信息，重新制定疏干方案，以满足矿井生产的要求。经常性疏干需要进行的水文地质工作主要包括：

（1）定期进行疏干孔的水量观测和观测孔的水位观测。采取自动记录和应用计算机技术自动处理长期观测资料，并应用计算机自动控制地下水降落漏斗。在没有这种技术条件的矿区，在平水期要求疏干孔每 3 日观测水量 1 次，主要观测孔每 3 日观测水位 1 次，外围观测孔每月观测 2~3 次。在丰水期，要求疏干孔每日观测水量 1 次，主要观测孔每日观测水位 1 次，外围观测孔每 5 日观测 1 次。

（2）编制疏干水量、水位动态变化曲线图和疏干降落漏斗平面图。动态曲线应逐日连续绘制，降落漏斗图每月绘制 1 幅。

（3）定期进行水质分析，除常规水质化验外，对地下水中特殊元素如砷、碘等定期测定，掌握其水质动态，及时分析可能出现的新的补给水源。

（4）围绕不同的开采阶段，修改、补充疏干方案和施工设计，保障疏干工作的顺利进行。

三、疏放方式

疏放方式按其疏放工程所处的位置来分，有地表疏放、地下疏放和联合疏放 3 种方式。

1. 地表疏放

疏放工程按其进行时间可分为超前疏放和平行疏放。地表疏放主要用于超前疏放阶段，是指在需要疏放降压的地段进行地表大口径钻孔，安装深井泵或潜水泵排水，预先降低含水层水位的疏放方法。适用条件是被疏放含水层的渗透性好，含水丰富。潜水含水层的渗透系数要大于 3m/d，承压含水层渗透系数要大于 0.5m/d，疏放降压深度不超过水泵的扬程。常用于煤层赋存较浅的露天矿，随着高扬程、大流量潜水电泵的出现，井工矿也可采用这种方式。

地表疏放的优点是施工简单，施工工期短，费用较低，安全可靠，且水质未受煤层污染，可供工业和民用供水使用等。根据疏放地段的地质和水文地质条件，疏放降压孔的布置有两种形式：一是直线孔群，适用于地下水一侧补给的条件；二是环形孔群，适用于地下水为环形补给的条件。

2. 地下疏放

地下疏放主要应用于平行疏放阶段，通常采用巷道疏放和井下钻孔两种疏放方法。例如，美国双峰铜矿井下疏干排水系统总长度达 1020m，巷道内共布置 12 个放水孔，放水结果使充水含水层水压下降 67%。我国湖南斗笠山煤矿香花台井的运输大巷位于灰岩充水含水层中，掘进时超前探水，并在大巷中控制出（突）水点水量，放水量达 2160m^3/h，满足了降压要求。

（1）巷道疏放。当煤层直接顶为含水层时，通常常将采区巷道或采煤工作面的准备巷道提前开拓出来，利用采准巷道预先疏放顶板含水层水。例如，平顶山矿区开采太原组各煤层时，其直接顶板有灰岩水，利用采准巷道进行疏放，煤层开采时采区涌水量减少了 70%~80%。这是一种既经济又有效的方法，不需要专门的设备和额外的巷道工程，又能保证疏放水的效果。在有利的地形条件下，即在开采侵蚀基准面以上的煤层时，还可以自行排水。

（2）钻孔疏放。我国不少煤矿煤层上部为砂岩裂隙含水层，其中的裂隙水常沿裂缝进入采掘工作面，造成顶板滴水和淋水，影响采掘作业，甚至在矿山压力的作用下，伴随着回采放顶有大量水涌入井下，造成停产和人身伤亡事故。对于煤层直接顶板水量不大的含水层，利用采区和采煤工作面的巷道布置钻孔预先疏放顶板水，降低水头压力，避免初采期间顶板突水，为采掘工作创造安全条件。

3. 联合疏放

水文地质条件复杂的矿井或矿井水文地质条件趋向恶化的老矿，单一方式的疏放不能满足矿井生产的需要时，采用地表疏放和地下疏放相结合的方式或多井联合的疏放方式，称为联合疏放。如果一个矿井疏放达不到疏放目的时，可几个矿井同时疏放。例如，我国湖南某矿区，采用单井或两井共同疏干时经常发生淹井，后来四个矿井同时疏放，总排水量达到 8000m³/h，形成区域降落漏斗，顶板水位降低 196m，底板水位降低 257m，取得了良好的疏放效果。

四、疏放方法

在地下开采的煤矿中，疏放水工作主要是在井下巷道中进行。

1. 顶板水的疏放

（1）利用巷道或石门疏放。利用巷道或石门疏放的方法主要应用于开采太原群一组煤的煤矿，太原群薄层灰岩岩溶裂隙发育，富水性强，而灰岩为一组煤直接顶，必须采用降压开采的防治水策略，利用巷道或石门疏放水可以取得良好的技术经济效果。

利用采准巷道疏放顶板含水层时应注意：①采准巷道提前掘进的时间应根据疏放水量和疏放速度决定，超前时间过长会影响采掘计划的平衡，造成巷道长期闲置，有时还会增加巷道的维护工程量，超前时间太短又会影响疏放效果；②疏放强含水层时应视水量大小考虑是否要扩大排水沟、水仓及增加排水设备。

（2）放水钻孔。当含水层距离煤层较远，采准巷道起不到疏放作用时，可在巷道中每隔一定距离向含水层打放水钻孔进行预先疏放。放水钻孔的布置应考虑以下几点：①钻孔应布置在裂隙发育的地段；②钻孔的间距按疏干降落曲线的要求布置，或与基本顶周期来压的步距同步；③钻孔的深度要打透采空区后形成的导水裂缝带，若穿透导水裂缝带以外的含水层将会导致额外的水源涌入工作面；④钻孔的方位垂直或接近于垂直顶板含水层时工程量最省，但斜孔揭露含水层范围大，疏放水效果好；⑤钻孔数量和孔径视水量大小而定，孔径一般不宜过大。

（3）直通式放水钻孔。当煤层顶板以上有几层含水层，岩层比较平缓，含水层距地表较浅，并且巷道顶板为相对隔水层时可采用直通式放水钻孔。直通式放水钻孔是由地表施工，向下打穿含水层并与井下疏干巷道的放水硐室相通的垂直放水钻孔，当放水钻孔通过松散含水层或涌砂、涌泥等含水层时，应在相应部位安装过滤器。

2. 底板水的疏放

在我国的许多煤矿煤层底板下蕴藏着丰富的地下水，这种地下水常常具有很高的承压水头。采掘活动中，由于岩层的原始平衡状态遭到破坏，巷道或采煤工作面底板在水压和矿山压力的共同作用下，底板隔水岩层开始变形，产生底鼓，继而出现裂缝。当裂缝向下发展延深达到含水层时，高压的地下水便会突破底板涌入矿井。在这种情况下，要考虑底板疏放。

（1）利用巷道疏放。将巷道布置于强含水层中，利用巷道直接疏放。例如，贵州龙潭煤组下层煤，底板为茅口灰岩，隔水层很薄，原先将运输巷道布置于煤层中，水量大且水压也大。后来将运输巷道直接布置在底板茅口灰岩的岩溶发育带中，既收到了很好的疏放水效果，也解决了巷道布置在煤层中支护困难的问题。但这种方法只有在矿井具有足够的排水能力时才能使用，否则在强含水层中掘进巷道是不可行的。

（2）钻孔疏放降压。根据底板突水的原因分析，预防底板突水可以从两个方面进行：一是增加隔水层的“抗破坏能力”，如用注浆加固底板隔水层、留设防水煤（岩）柱以加大隔水层的强度和厚度；二是降低或消除“破坏力”的影响，如疏放降压等。根据安全水头的概念，疏放降压并不需要将底板水的水头无限制地降低，乃至完全疏干，只需要将底板水的静水压力降至安全水头以下，即可达到防治底板水的目的。疏放降压钻孔和顶板放水孔一样，是在计划疏降的地段，在采区巷道或专门布置的疏干巷道中，每隔一定距离向底板含水层打钻孔放水，使之形成降落漏斗，逐步将静止水位降至安全水头以下。在我国华北型煤田的矿井中，为了疏放太原群灰岩含水层水常常采用石门疏放和钻孔疏放相结合的方法。

（3）钻孔疏放降压的施工特点和技术要求。由于底板水通常水压高、水量大，在钻孔施工过程中容易发生事故，需要采取必要的安全措施，主要包括：

①使用反压装置，以防止钻进和退钻时高压水将钻具顶出伤人，同时还可以可提高钻进效率。

②埋设孔口管，安装放水安全装置，以便根据井下排水能力，控制疏放水量。通常在孔口管上安装高压闸阀和压力表，在疏放水的过程中可以观察水压变化。

③地面施工井下疏放降压钻孔。

3. 其他疏放方法

（1）地面疏降疏放。地面疏降是指在需要疏降的地段，在地面施工大口径钻孔，安装深井泵抽水，使地下水位降低的一种疏降方法。地面疏降透水性能良好、含水丰富的含水层，其渗透系数一般不小于 66m/d。疏放降压深度不应超过水泵的扬程。

地面疏放的优点是施工简单，施工期限较短，劳动和安全条件好，疏放工程布置灵活；缺点是受含水层渗透条件的限制，深井泵的管理和维修比较复杂。因此，这种方法目前使用尚不普遍，尤其是在地下开采的煤矿中更为少见。

（2）注浆堵水调节水位法。对于充水来源以岩溶水为主的矿井，在地面或井下进行强疏降时，随着水位大幅度下降，降落漏斗不断扩大，常常引起疏放影响的范围内灰岩露头带的岩溶充填物被冲刷，逐步导致地表沉降、开裂及塌陷，出现河水断流、泉水干涸、农田塌陷、房屋倒塌等现象。为了解决这一问题，可以采用注浆堵水调节水位（压）的办法，即注浆堵塞井下突水点，以减小地下水进入矿井的水流断面，使地下水封闭在含水层中，起到降低水位、减小矿井涌水量的作用。

对于井下起决定性作用的突水点，注浆并埋设孔口管，在孔口管上安装闸阀和压力表，借以控制水量。这样一来，当需要减少矿井涌水量时（如雨季矿井安全受威胁，枯季为了减少排水费用或排水系统发生故障等情况），可以关闭闸阀，控制涌水量，当升压至一定程度，可能导致底板水突破底板时则打开闸阀放水，以降低作用在底板上的压力。

（3）吸水钻孔疏放。吸水钻孔是指将煤层上部含水层中的水放入煤层下部含水层中的钻孔。利用吸水钻孔疏放水的特定条件如下：①煤层下部含水层的水位低于煤层底板或干燥无水，具有一定的吸水能力；②煤层下部含水层的吸水能力大于煤层上部含水层的泄水量。吸水钻孔疏放不仅经济简便，不需要任何排水设备，还不会增大矿井排水量。但这种方法要求的条件极其苛刻，我国的煤矿中只有山西高原和陕西的一些矿区具备这种条件。

第四节 带压开采技术

带压开采是指在具有承压水压力的含水层上进行的煤炭开采，承压水水位标高高于开采煤层底板标高。带压开采主要是针对底板存在较强承压充水含水层的煤层。由于煤层与底板强岩溶承压充水含水层之间往往沉积一定厚度的隔水岩体，对于底板存在充水含水层的煤层，无须进行疏干开采，只要使煤层底板承压充水含水层的水头压力疏降至安全开采水位，即可进行安全带压回采。在复杂矿井水文地质条件下进行带压开采，与深降强排技术相比，具有减少排水费用和保护水资源的双重功效。

一、带压开采原则

《煤矿防治水规定》第七十七条指出，当承压含水层与开采煤层之间的隔水层能够承受的水头值大于实际水头值时，开采后，隔水层不易被破坏，煤层底板水突然涌出可能性小，可以进行带压开采，但应制定安全措施。

从广义上讲，只要在水压高出煤层以上的采掘环境中，煤炭开采均是带压的，只不过存在直接带压和间接带压的区别。无论是从理论还是从已经成功实施带压开采的实践来讲，带压开采的适用条件集中体现在以下两个方面。

（1）煤层底板没有全导入型通道，在水压作用下具有整体稳定性，不存在所谓的“突破口，“突破口”属于煤层底板中存在的固有岩体缺陷，影响矿井的充水性质。对于“突破口”的搜索有两种基本方法：一是通过物探方法，二是通过水文地质试验方法。带压开采实践中，对于全导入型通道，一是通过留设安全防水煤柱采用绕避的方法，二是对其进行根治。

（2）煤层底板的岩性组合能够阻抗目标含水层在一个水文周期内（或者为了安全评价的需要，按历史最高水位考虑）最高水位所对应的水压。在其岩性组合已经确定的前提下，这种阻水能力主要取决于：现有采煤方式对煤层底板的破坏深度、目标含水层顶板实际埋藏深度（如华北型煤田奥陶系灰岩峰峰组由于古风化壳的存在，实际的含水层顶界有可能下移）以及含水层水的实际导升高度。

二、带压开采理论基础

研究底板突水机制是带压开采的理论基础和防治水的基本依据。底板突水是承压水、采动压力、地应力对底板岩体共同作用的结果。底板隔水层的岩性组合、强度大小、有效隔水层的厚度是底板隔水能力的具体体现。实践表明，对安全开采有实际意义的是有效隔水层的厚度及其在实际采场条件下的阻水能力。

当煤层顶板以上或底板以下有承压含水层存在时，必须根据具体的水文地质条件采取不同的防治水措施和开采方案，可以有效地防止突然涌水。比如，某一煤层的下部有一个强承压含水层，煤层开采之前含水层中水的压力压向上方，当含水层上部的煤层采空之后，岩层的原始应力平衡状态遭到破坏，如果含水层的顶板（煤层的底板）隔水层抵挡不住下部水的强大压力，隔水层就要变形，产生底鼓，随之出现裂缝，造成工作面底板涌水。带压开采能否取得成功，取决于以下三个因素：

（1）承压含水层水压力的大小及水量的多少。

（2）隔水层厚度及岩层强度，被开采煤层与含水层间的距离越大，出水可能性越小。

（3）开采地区地质构造及采煤活动对隔水层的破坏情况，隔水层如果是完整的，断层、裂隙不发育，那么高压水突出的可能性就小。在带压采煤工作面工作时，工作面放顶工作要快，控顶距越小越好，以便减小地压；工作面内不准丢煤柱，也不要残留木垛、点柱等支撑物；注意底板变化，如有异常应立即停止采煤和放顶，并保持排水设备完好；同时现场所有人员必须熟悉避灾路线。

1. 底板承压水临界隔水层（岩柱）厚度和临界水头值计算

（1）根据斯列沙辽夫公式计算

在隔水底板的实际水压值大于计算值，实际的底板隔水层厚度大于计算值时，则认为底板基本上是稳定的，但在岩石比较破碎的地段（如断层破碎带），要采取安全措施。若隔水底板的实际水压值大于计算值，实际的底板隔水层厚度小于计算值，则认为底板极不稳定，要保证安全生产，必须采取安全措施。

（2）根据 P-M 关系曲线确定

底板突水与底板所承受的水压和底板隔水层的厚度之间的关系，可用 P—M 关系曲线表示。研究分析确定突水与不突水的临界线，临界线上每一点的横坐标表示底板隔水层在某一厚度值时的临界水压值；而纵坐标则表示底板在承受某一水压值时的临界隔水层厚度。P—M 曲线与纵坐标有一个交点，则为底板隔水层因开采的影响而失去阻（隔）水能力的厚度，称为采动影响的导水带深度。

（3）根据突水系数换算

突水系数是指每米底板隔水层厚度所能承受的最大水压值（即临界水压值）。由于受开采活动的影响，部分底板隔水层被破坏而失去阻（隔）水性能，不同矿区底板隔水层的岩性不同，力学强度不一，阻（隔）水性能也有所差异，因此上述突水系数在使用上有一定的局限性。

（4）相对隔水层厚度计算法

相对隔水层厚度大体分为如下几种：相对隔水层厚度为安全区，可以在不采取其他措施的条件下进行开采；相对隔水层厚度为较安全区，可以在配合其他防水安全措施的条件下进行开采；相对隔水层厚度为危险区，必须采用降低水位的办法控制水压。

2. 顶板承压水隔水层、(岩柱)厚度的计算

顶板承压含水层下的开采与冲积层下的开采有着相似性，但又有差别。冲积层防水煤（岩）柱的计算，基本上没有考虑水压的因素；顶板承压含水层则不同，随着开采深度的增加，水压对顶板的压力越来越大，一般矿井的中深部开采水压可达5~6MPa；冲积层的可塑性较好，采动后重新弥合的可能性较大；而基岩承压含水层一经采动破坏，重新弥合的可能性就很小。为此，顶板承压水隔水层（岩柱）厚度的计算方法，根据不同的条件有以下几种：

（1）引用冲积层防水煤（岩）柱的计算方法

此方法没有考虑水压的因素，因此只适用于水压较小的浅部煤层，在用该法进行计算时，其安全系数应略大于冲积层的计算值。

（2）水压与岩柱强度的平衡方程

该方法适用于水平、倾斜煤层在各种水压条件下的安全开采，由于没有考虑煤和顶板岩层垮落、破坏等因素，因此在开采时必须严格做到分层、间歇、均匀开采，平均采高不能超过2.5m。

三、带压开采安全技术措施

1. 带压开采的基本条件

煤层底板存在承压含水层，在不进行或很少降低含水层水头压力的情况下，能够安全将煤采出，不发生任何突水。因此，带压开采必须适用以下五个条件：

（1）带压开采区内水文地质条件简单，含水层补给条件差或一般，补给水源少或有一定补给水源。在不采取任何疏降措施的情况下，能够实现安全开采。

（2）带压开采区内水文地质条件中等，但补给水源通道通畅，通过局部注浆、帷幕注浆封堵补给通道或水源，在少量疏水降压后含水层水头能够降到安全水头以下，可以进行带压开采。

（3）带压开采范围内构造发育简单，断层及伴生小断层发育简单且有规律，褶曲发育平缓且裂隙较少，未发现有陷落柱等构造，含水层水压值小于临界水压值，满足带压开采要求。

（4）带压开采范围内煤层与含水层之间隔水层较完整，不存在破碎带和薄弱带，且厚度符合要求。

（5）带压开采范围内煤层与含水层之间的实际隔水层厚度大于理论计算的安全隔水层厚度。

2. 带压开采主要安全技术措施

（1）采用能够有效控制采高和防止采面局部抽冒的采煤方法。

（2）加大了排水能力，工作面要准备好必要的泄水巷道，排水设施主要包括水泵、排水管路、适当容量的水仓和保险电源。位于奥陶系灰岩充水含水层富水带且邻近排泄带的矿井，其排水基地的建立更为重要。各大矿井设施的排水量可以根据当地或条件相似矿井的突水水量作为依据，并结合其他措施，如水闸门、各矿间排水基地的相互串通等，合理确定增量，采用直通式排水设施的效果最佳。

（3）对有关含水层应有观测孔。

（4）对断层或其他薄弱带要超前探查，加固或留设安全煤柱。实际资料表明，大多数突水通道均系断层，因此在导水或易于突水的断层带留设防水煤柱是常用的防水方法，也是带压开采综合防治水方法中重要的防水措施之一。

（5）需对底板及顶板承压水临界隔水层（岩柱）厚度及临界水压值采用适合公式计算。同时对隔水层薄弱带进行加固。由于沉积变薄或构造破坏都会降低隔水层的防隔水作用，以致成为发生突水的条件，因此隔水层的薄弱带需要加固。

（6）建立警报系统。开采受水患威胁煤层的矿井，特别是在大于突水临界值的采区作业时，采掘工作面要设专职水情监视员。采掘面还应建立水情记录，设置专用的电话和警报器。一旦发现恶性突水征兆，能及时发出信号，组织撤离。报警制度和细则应使全体人员熟知。

（7）标明应急撤退路线。在大水矿井开采水患煤层，特别是在险区作业，应确定并及时修订井下人员遭遇水险的撤退路线。路线应标在采矿防险撤退路线图上，沿线特别是分岔点应设有明显标记。井下作业人员应对此熟知。

3. 带压开采对地质和水文地质工作的要求

（1）通过勘探对主要含水层的赋存情况、富水性、边界条件及可能的补给水源、补给水量等了解清楚，对突水时的最大涌水量提出预算和估算。

（2）对本井田范围内由承压含水层到所采煤层之间隔水层的隔水性和厚度变化等情况要掌握确切，并按有关公式进行核算。对于顶板承压水，要编制岩柱厚度比值等值线图。对于底板承压含水层要编制突水系数等值线图。

（3）查明地质构造情况，对于落差大于10m的断层带，要计算$H_{实}/H_{安}$值或突水系数，并在图上注明。

（4）带压开采的地区不仅隔水层厚度应大于安全厚度，而且还应该是构造较简单，且岩层完整性较好的区段。对于岩柱虽较厚，但断层较多、完整性较差的区段，一般不宜带压开采。

4. 其他有关问题的要求

（1）采煤方法方面必须做到控制采高。对于一般的构造断裂和破碎带要防止垮落。对于岩柱厚度比值系数小于 1.2 的断层，必须按规定留防水煤柱。

（2）要考虑突水甚至突水量很大的可能性。一是采面要准备好必要的泄水系统，做到煤、水不相干扰，泄水和安全撤离开不相干扰；二是建造或预留水闸门（墙）位置，以便必要时封闭整个采区。

（3）矿井必须参照可能突水时的最大预计水量提前准备好足够的备用排水能力，要做到水泵、管路和供电三配套。此外，在井下还应建立警报系统、避灾路线和区域性水闸门等。

（4）必须事先设置含水层的动态观测孔（网），以便随时掌握各含水层的动态变化。

5. 专门水文地质说明书

开采受水害威胁地区的煤层，在编制开拓、掘进与回采设计之前，必须编制该地区的地质、水文地质条件说明书，作为上述设计的依据。说明书的编制，除按一般规程要求的内容外，还应注意以下几个问题：

（1）矿井概况。采区所在地表位置、井下位置和上下限标高；煤层赋存条件、走向、倾向、倾角、厚度、周围开采情况和采区储量；采区顶底有关煤层、含水层情况，包括间距、层厚、富水或采区积水情况；顶底煤层开采范围及其对本煤层的影响；勘探钻孔的分布及其封闭质量。

（2）区域地质构造特征简述。区域地形、地貌；地层、区域地质发展史及其特征；

地质构造、区域构造形态及断层节理组的分布；岩浆岩侵入情况，岩墙、岩柱、岩体的产状和分布。

（3）区域水文地质条件。气象、水文要素（主要是降水量、河流及其他地表水体的分布状况）；含水层（组）的划分及各层组的富水特征，并对开采区内的所有断层进行分析。根据断层造成局部隔水层厚度变薄的情况，核实突水系数，对造成局部不符合安全开采条件的断层，要提出具体处理意见和措施；区域地下水补给、径流、排泄条件，地下水的天然和人工露头及其流量、水位以及水质动态特征。

（4）开采水文地质条件分析。说明书除应具备底板等高线图、剖面图、疏放水具体施工图等图件外，还应编制 1 ∶ 1000、1 ∶ 2000 或更大比例尺的有关带压开采的专门水文地质图，如等水压线图、煤层底板隔水层等厚线图以及突水系数等值线图。根据等值线图，按突水临界值划分采区内具体的带压开采范围和降压开采范围及降压值，并根据降压范围结合巷道布置排水系统，设计放水降压钻孔和观测孔。在设计放水钻孔时，要根据降压漏斗的延展规律，布置在可获得最大效益的位置，以求以最少的钻孔数、最小的排水量来获得最大的经济效益。

（5）对安全开采与今后地质及水文地质工作的建议。包括：带压开采的有关建议；允许安全水头与疏降工作的建议；今后地质及水文地质工作的建议。

水文地质说明书通常应在补充水文地质勘探或调查的基础上提出，如疏水降压开采，可在放水试验后提出补充说明，供采区设计参考应用。

四、带压开采工程设计

1. 带压开采条件分析

带压开采设计前应进行水文地质条件分析：

（1）含水层厚度变化和富水特征的分析。

（2）隔水层厚度变化和抗张（弯）强度的分析。

（3）易于突水的薄弱地段的分析（断层、封闭不良钻孔、富水带位置或范围）。

2. 井上下观测系统

（1）隔水层厚度检查孔的布置密度，一般应每 100~300m 有一孔。

（2）地面或井下针对主要承压含水层水位（压）的观测孔位置、数量及钻孔结构。

（3）对层间强含水导水层放水孔的布置（主要起报警作用），可与隔水层厚度检查孔结合考虑，探明情况后，封闭下段钻孔。

（4）采区边界或采区断距大于 30m 的断层应布置断层检查孔，确切探明走向、倾角、落差，保留必要的防水煤柱或注浆加固。

3. 预防性的安全工程

（1）设置（或预留）防水闸门（墙）。

（2）一旦发生突水时流水巷道的安排。

（3）相应地增强供电、排水能力。

（4）避灾路线

（5）掘进时为防止意外遇断层破碎带导通高压水超前探水工程的安排。

4. 采矿方面的相应工程

（1）工作面推进与主要断层节理组最佳交角的安排。

（2）减轻矿山压力的顶板控制方式方法的选择。

（3）工作面长度和推进速度的适当安排。

（4）其他安全措施。

第五节　注浆堵水技术

一、矿井注浆堵水概述

1. 注浆堵水的优点

（1）减轻矿井排水负担；

（2）不破坏或少破坏地下水的动态平衡，合理开发利用；

（3）改善采掘工程的劳动条件，创造打干井、打干巷的条件，提高工效和质量；

（4）加固薄弱地带，减少突水概率；

（5）避免地下水对工程设备的浸泡腐蚀，延长使用年限。

2. 注浆堵水的应用范围，

注浆堵水是防治水害的有效方法之一，注浆堵水技术是煤矿防治水最重要的手段之一，主要应用于井筒掘凿前的预注浆；成井后的壁后注浆；堵大突水点恢复被淹矿井；截源堵水减少矿井涌水；井巷堵水过含水层或导水断层。

3. 煤矿注浆堵水必要性分析

（1）疏、堵结合已成为煤矿防治水的一个重要原则，在许多条件下，疏是煤矿治水的根本，不疏就无法采煤或不能安全采煤，随时隐伏着水害威胁。

（2）通过疏，查明动水补给量及其进水边界或通道，创造条件进行截源堵水，这样既可以大大节约排水费用，又可最大限度地减小对自然水环境的破坏程度。

（3）对那些间接充水含水层，通过堵就能防止或减轻水害者，必须坚决堵，尽可能不疏排这些水。

（4）对已造成突水事故的直接或间接充水含水层，用强排方法恢复被淹矿井、采区，往往既不经济也不安全，理想的防治水方案应该采取“先堵后排”，待恢复矿井生产后再设法加以治理，因此也必须堵。通过堵首先可以降低矿井涌水量，同时也能查明具体的突水原因和条件，为以后的防治水工作积累资料，这种堵就成为“查治结合，治中有查，查中有治”的治理煤矿水害手段。

（5）堵水，对煤矿来说具有重要的经济效益；尽可能减小矿井排水量，是矿井水文地质工作者的根本任务；减小矿井涌水量，对保护日益紧缺的水资源、维护自然生态环境的平衡，具有极其重要的意义；一般来说，减小矿井涌水，除了留设必要的防隔水煤（岩）柱外，就是采取注浆堵水措施，截断补给水源或重要的充水通道。不断充实完善这一治水手段，是矿井水文地质工作者的重要任务。

二、我国煤矿注浆堵水技术的发展历程

1.20 世纪 50 年代

注浆堵水作为一项治水手段应用于煤矿安全生产，在 20 世纪 50 年代中期最先应用于山东淄博和河北的开滦矿区。

2.20 世纪 60 年代

进入 20 世纪 60 年代以来，煤矿的注浆堵水技术在多次生产实践应用中得到了普及和提高，先后共完成 20 余次强充水含水层突水点的堵水治理工程，许多井筒的预注浆和成井后的壁后注浆效果明显，解决了因井筒淋水大而影响生产安全和损坏井筒内装备等难题，并开始进行帷幕截流堵水的实践。

3.20 世纪 70 年代

到了 20 世纪 70 年代，注浆材料更加丰富，注浆工艺和设备得到了改进和完善。为了系统地总结经验，煤炭科学研究院建井所注浆室编著了《煤矿注浆技术》一书，于 1978 年 12 月由煤炭工业出版社出版发行。

4.20 世纪 80 年代至今

20 世纪 80 年代至今，注浆堵水技术已成为煤矿井防治水的一种重要的有效手段，其应用范围进一步扩大，主要应用于以下几个方面：

（1）立井筒施工前的地面预注浆，创造有利于井筒开挖的施工条件。

（2）立井施工中预留岩柱对充水含水层进行工作面预注浆，既可以预防突水又可以减少涌水量，且针对性强。

（3）井筒掘砌后的壁后注浆和修补注浆，既可在地面进行，也可在井筒内进行。

（4）斜井和穿层石门等井巷，预留岩柱或砌筑专门水闸墙或止水垫，对充水含水层或断层破碎带进行预注浆或出水后注浆，预防或治理突水，减少涌水量，并为井巷穿越充水含水层或断层带创造安全条件。

（5）对有强补给水源的突水点注浆堵水，治水复矿，并相应查明突水原因和条件。

（6）与疏放水结合，对查明的进水边界或通道，进行帷幕截源注浆，改造自然条件，减少矿井涌水量。

（7）有煤层底板突水危险的矿井，对强含水层顶面或夹存于其顶板隔水层内的弱含水层进行改造加固注浆，使其变为相对隔水层，以减小突水概率和突水量。

（8）对导水钻孔进行地面启封注浆或井下注浆。

（9）对导水陷落柱或其他垂直导水通道，进行针对性注浆。

上述各类注浆堵水，既有在静水条件下进行的，也有在流速达 2m/s 以上的动水条件下进行的，注浆材料既有砂、石子、砖块、压缩木串等骨料，也有单液水泥浆、双液浆、化学浆等材料。

三、注浆堵水治理水害的主要技术问题

由于地质条件、水文地质条件、注浆材料、注浆设备和工作人员素质的不同，每

一个注浆堵水工程的效果和社会经济效益往往存在很大的差别；技术分析不当、指挥失误，常常会走弯路甚至导致整个工程的失败。

1. 注浆堵水中的水文地质工作

注浆堵水中水文地质工作的基本要求是：

①工程施工前，收集分析历史资料，做出初步判断，并围绕堵水工程进行补充钻探，为堵水方案的选择提出依据。

②工程施工中，根据施工中的新发现，及时修正注浆钻孔的个数和阶段，尽早打中注浆堵水的关键地段或层位，做好抽（压）水及连通试验，为确定注浆参数、分析浆液条件、评价堵水效果提供资料。

③工程施工后，对堵水过程中所有水文地质资料进行综合分析，绘制相应图表，加深对矿区水文地质条件的认识。

注浆堵水中水文地质工作的具体工作为：

（1）通过野外地质调查、补充钻探，编制工程需要的不同比例尺图件，以查清下列问题：

①与工程有关的断裂构造的确切位置、产状；

②各含水层的断裂位移和对接情况；

③工程地段含水层的分布、埋深、层数、厚度及它们之间的水力联系情况；

④地下水流速、流向；

⑤含水层的岩溶裂隙率及其发育部位或区段；

⑥隔水层或隔水边界的确切位置，圈定工程范围，选定注浆层位和深度。

（2）合理部署地下水动态观测网，开展堵水前、注浆过程中、堵水后三个阶段的水文动态观测，并编制注浆前后观测点历时曲线和等水位线图，进行综合分析。

（3）对堵水有关的各类钻孔进行水文地质编录，绘出详细的钻孔水文地质综合成果图。

（4）因地制宜地进行连通试验。

（5）利用钻孔和被淹矿井做抽（排）水试验，确切了解各含水层与出水点的水力联系情况。通过工程前后排水资料对比，判定堵水效果。

（6）进行不同目的的压水试验，目的是：

①冲洗裂隙通道，扩大注浆半径，提高堵水效果；

②测定岩层单位吸水量，具体了解岩层渗透性，以选择浆液材料及其浓度和压力；

③帷幕堵水或井筒预注浆时，全孔分段压水，编制出帷幕渗透剖面图（地质剖面图上标明各钻孔不同深度的单位吸水量，圈连出等值线即可），可作为工程设计和质量评价的依据；

④求得渗透系数，对松散或裂隙均匀地层来说，可依据泰勒经验值大致判断浆液扩散半径。

（7）注堵层埋藏很深，钻孔的偏斜对堵水效果影响很大，同时正确的水文地质分析也必须建立在对钻孔深部位置的确切了解上，堵水钻孔一般要严格防止偏斜并及时进行测斜。

（8）使用物探、水化学法或专用仪器设备探查地下水的集中运流带及其补给来源，指导堵水工程。

2. 注浆堵水的方法

矿井突水点往往位于矿井水文地质条件较为复杂、薄弱结构面较多的地点。因此，注浆堵水工程的加固就等同于消除了矿井的一个隐患，同时查清了该隐患条件或类型，也为矿井大范围的安全开采创造了条件，为预测预防类似隐患的发生提供了可借鉴的经验。但有些突水点，由于区域围岩防隔水性能处于临界状态，存在着此堵彼突的危险，此时封堵突水点的目的，是首先减少矿井涌水量，恢复被淹矿井，建立防排水阵地后，为进一步查清水文地质条件、制定矿井防治水总体规划而服务。这种条件下的堵水，注浆段要尽量往深处延伸，争取在一定范围内，通过堵水能加大阻隔水层的厚度。当然，如果这种突水点水量不是太大，根据当地的具体水文地质条件和井巷条件，也可以不堵，而直接作为疏水降压点，强排到底，砌筑水闸门，实行有效控放。

3. 各种类型的注浆堵水技术

在我国煤矿实际应用已有上百次，经过反复实践，在条件探查、钻探工艺及布孔原则、注浆工艺、注浆材料、效果观测判断、质量评价等方面已积累了许多经验，每个工程均有其各自特点。

（1）如出水点位置缺乏资料或有部分资料可供参考但不准确，需要在分析判断的基础上布孔加以勘探，证实其确切位置和主要补给水源通道；圈定出水点，找到补给水源通道，是这类堵水获得成功的首要条件。

注浆堵水需要开展的工作有以下三点：

第一，要核实资料，确定突水点的大致范围和条件，再布置勘探工程查明证实这一突水条件。

第二，要慎重细致观察、分析浆液去向，判断突水通道，及时调整堵水点的位置。

第三，在出水点位置、通道、水文工程地质条件不清的情况下，要查治结合，首先进行注浆堵水勘探。

（2）出水点位置或来水的条件及通道资料明确，需要布孔准确确定。

钻孔准确命中出水点，是注浆堵水技术能否发挥快速、经济、有效作用的根本环节。许多出水点治理结果表明：虽然打了许多钻孔，并都进行了注浆，且每个注浆孔都能进浆，但最后证明，解决实质性问题的往往只是一两个关键注浆孔，它们或者是命中巷道的堵截孔，或者是命中出水主通道的孔。

矿井注浆堵水要准确命中突水点，以下问题需要注意：

①严格核实井上、下测绘资料，必要时要补充测绘，作出准确的评价。

②详细记录井下命中点的坐标和标高，并精确标定在地面上。钻机安装后要进行校核测量，确保无误。

钻孔钻进过程中要积极采取防偏、纠偏措施，如钻塔安装绝对平稳牢固、孔口管绝对垂直并固定良好、采用加重钻具匀速钻进、定期进行陀螺测斜、及时制定纠偏设计、准确下放纠偏导斜装置等。

（3）动水注浆时，往往会出现浆液迅速流失的现象。若过水通道断面较大，即使双浆液有时也难于在其中停留固结。

动水注浆成功的关键：

①根据导水通道大小和流速情况，必须先下骨料，然后再注浆封堵。

②要创造使骨料充填足顶足帮、在通道内阻塞滞留的条件，形成一定阻水段（层）后立即注单液浆或双液浆固结。

③骨料以量取胜，以充填足够长度或厚度确实已使突水量明显减少为标准。骨料一般具有价格较低、取运比较方便的特点。

④如发生关键孔中途堵塞问题，必须扫孔，创造重复充填和注浆的条件，直到堵住涌（突）水。

（4）注浆完成后需保证有足够的注浆范围和强度，要防止复矿排水时二次突水。

四、帷幕截流堵水注浆

帷幕注浆堵水是煤矿实现疏堵结合、防治水害的重要手段之一。帷幕工程的目的是使外来补给水源中的大部分被截堵在煤层开采范围以外，开采区内部可以通过疏水降压等方法实现安全回采的目的。这样不仅可以大大减少煤矿井总涌水量，使矿井安全生产得以保证，而且还保护了矿区外围十分珍贵的水资源，使其发挥应有的作用。

帷幕截流堵水注浆工程应注意的问题：

（1）进水和隔水边界要勘探分析清楚，有条件时应建立井下可控放的流场动态试验站，掌握水量、水位变化，随时分析截流效果。

（2）要充分利用地球物理勘探技术，查清帷幕线上的强径流带位置，对此进行重点注浆，注浆钻孔不要等间距均匀布置。

（3）注浆孔深度大，要采取防偏措施和孔内定向打斜孔措施。在岩溶含水层裂隙不发育区或意外堵孔不能注浆时，可注盐酸处理，从而提高钻孔利用率。

（4）要采用代用材料，对严重跑浆孔段要注砂、石子、石粉等骨料。在结束注浆或检查孔注浆时，应用纯水泥浆高压加固，提高帷幕强度。

（5）有条件时，要井上、下结合。地面建造注浆站，井下打注浆孔，这样可以减少钻探工程量，针对性更强，并少占地表农田。

（6）一般来说，帷幕截流工程量较大，工期较长，必须加强组织领导，精心设计，精心施工，坚定信心，一丝不苟地按标准进行，防止拖延和间断。

五、预注浆和加固注浆

此类治水注浆包括井筒掘凿前的地面预注浆、掘凿中的工作面预注浆、壁后注浆和成井后的修补加固注浆。

预注浆和加固注浆治水工程应注意的问题：

（1）井筒检验孔一定要严格取芯，分层抽水试验，确切了解含水层埋藏深度和厚度、岩性、水量、水质、岩溶裂隙发育情况等，为确定地面预注浆、工作面注浆、壁后注浆等提供地质依据。

（2）对于裂隙含水层，如果裂隙倾角较陡且单向排列，很少相互切割，这样会限制预注浆的效果，故以工作面预注浆为好，可在工作面打定向斜孔，穿过裂隙的概率较高。地面预注浆打垂直孔时要增加孔数，适当扩大注浆半径，对注浆段进行必要的酸处理。

（3）地面预注浆要有防偏、纠偏、导偏措施，防止钻孔偏离井筒的中心线。

（4）对于立井筒，含水层位置明确且层数少。而斜井筒的含水层斜距长，一般要采用工作面预注浆，但必须预留好止水岩柱，避免出水后再打止水垫，必要时要进行超前探水。

六、注浆材料及典型配比浆液的性质

（1）注浆堵水的材料种类

用于注浆堵水的材料种类繁多，常用的有单液水泥浆、水泥掺附加剂浆、水泥－水玻璃（C-S）双液浆、化学浆等。

（2）水泥

相对密度一般为3，存放3个月，强度一般会降低10%~20%，6个月降低15%~30%。水泥中铝酸三钙和硅酸三钙含量多，颗粒细，表面积大，凝结硬化快，堵水效果好。但当水流速度大于800m/d时，结晶体与胶凝体不断被水带走，水泥浆就不能结石。

根据需要也可以在水泥单液浆内添加促凝或缓凝剂，如氯化钙、水玻璃、三乙醇胺和食盐等。其中如按水泥重量比添加万分之五的三乙醇胺和千分之五的食盐，浆液初凝和终凝时间一般将缩短一半，结石体抗压强度也可以提高。使用时一般先将其加入水中搅拌扩散后再加水泥。

（3）水玻璃

它由石英砂和碳酸钠在高温反应下制得，化学分子式为 $Na_2O \cdot nSiO_2$，其中 SiO_2 与 Na_2O 克分子数之比称为模数，模数小，SiO_2 的含量低，含量过大对注浆也不利，一般注浆使用的模数为 2.4~3.4。水玻璃的浓度以波美度表示（° Bé），通常为 50~60° Bé，° Bé 小，胶凝快，° Bé 大则胶凝慢，用 50° Bé 的水玻璃与水泥直接拌合可制成数分钟即可凝胶的塑凝胶，黏结能力强，30min 即可固化。固化后抗压强度可达 6MPa。由水玻璃的浓度可计算其相对密度。双液注浆一般采用 30~40° Bé，的水玻璃为好，因此高波美度的水玻璃使用时应加水稀释。

（4）黏土水泥浆

煤矿注浆堵水技术目前已发展成为大范围对含水层、强径流带、隔水边界和构造破碎带的加固改造，故所需注浆材料的数量已越来越大，材料的可注性要求也越来越高，目的是简化注浆工艺，提高自动化程度。大量的工程实践证明，黏土水泥浆已成为不可忽视的有着广泛应用前景的注浆堵水材料。

黏土水泥浆的主要成分是黏土，应尽量就地取材，减少采、运环节，但应用前必须进行物理化学性质测定，其测定内容主要包括：pH 值、塑性指数、粒度、比表面积、盐基总量、蒙脱石含量、矿物化学成分及其含量等。按一定比例制成黏土水泥浆后，应测定其密度、黏度、塑性强度、析水率和耐久性，进行必要的可注性和反压试验，其具体方法如下：

相对密度：将比重计放入浆液中直接读取刻度数。

黏度：用黏度计直接滴定。

塑性强度：用圆形试模制成试块，读取稠凝测定仪锥体沉入试块的深度。

析水率：浆液沉缩后析出水分的体积与总体积之比。

耐久性：试块在水中浸泡后观察测定表面有无软化现象和软化厚度。

可注性：由设定受注体在试注管内直接加压测定。

反压试验：一定裂隙率及其张开度的受注体产生塑性强度后，加压观测结石体的位移情况的试验。

当添加剂的水泥量为 100kg、125kg、150kg 时黏土水泥浆在不同时刻的塑性强度如表 5-3 所示。

表 5-3 不同黏土水泥浆在不同时刻的塑性强度表

水泥量 /kg	不同时刻的塑性强度						
	2h	4h	6h	8h	10h	12h	24h
100	14.20	63.67	152.02	336.05	511.16	869.65	1419.90
125	15.92	81.79	287.57	449.26	776.06	1150.12	2722.17
150	12.10	93.89	248.81	511.16	869.65	1150.12	4600.46

黏土水泥浆的相对密度不同，添加剂和水泥加入量也就不同，其可注性、塑性强度、耐久性、析水率也是不同的，需要针对具体水文、工程地质条件选择合理的浆液配比。

（5）骨料

注浆堵水时，对大的过水通道，如溶洞、巷道、大的断层裂隙带，尤其在动水注浆条件下，往往需要先注骨料形成阻隔水段或阻隔水层，然后再注水泥单浆液、水泥—水玻璃单浆液或黏土水泥浆。骨料主要是指砂、石粉、石子、锯末等。石粉、锯末悬浮性好，充填时要采取有针对性的措施。

七、注浆系统与主要设备简介

注浆中需要的主要设备有：注浆泵、搅拌机、止浆塞、混合器、输浆管路及相应的闸阀和接头、压力表及流量计等。

注浆系统及设备应根据注浆材料和工程规模、工程场地条件具体设计确定。现以井上、井下结合灌注黏土水泥浆为例，一般性介绍造浆注浆系统及需要考虑的主要设备。

（1）散装水泥罐或水泥库；

（2）上料皮带 1~2 部，或螺旋送灰器或风动送灰器一套；

（3）一次水泥搅拌机及工作台割袋器一套，或风（水）射流搅拌机一台；

（4）黏土和水泥浆过滤筛两个；

（5）高位计量箱或计量器（仪表）两个；

（6）黏土破碎搅拌机一台；

（7）旋流除砂器一个；

（8）粗、精储浆池各一个，射流泵两台；

（9）供清水泵三台；

（10）加水计量箱或水表两个；

（11）混合搅拌池一个，搅拌机一个；

（12）清水池一个；

（13）注浆泵及备用泵两台；

（14）抗震压力表四块；

（15）活动高压胶管及配套快速接头三套；

（16）高压输浆管及信号电缆各一套；

（17）高压放水放浆三通及阀门若干套；

（18）孔内止浆塞若干套；

（19）相应的输配电设备开关及操作按钮。

八、注浆改造技术措施

（1）在煤层底板充水含水层富水性区、强径流带，或煤层底板隔水层存在变薄带、构造破碎带、导水裂隙带，疏水降压难度大、不经济，可通过对底板含水层进行注浆改造，改变其富水性，加固底板，封堵水源补给通道，实现安全开采。

（2）编制注浆改造工程设计，制定注浆改造和安全技术措施。

（3）合理布设注浆钻孔，可先进行物探，查明水文地质条件，再根据物探资料合理布设注浆钻孔。工作面初压段、构造发育段、含水层富水段、隔水层变薄区要加密钻孔，并使钻孔尽量与构造发育方向垂直或斜交。

（4）地面集中建站、造浆，通过送料孔和井下管路，利用注浆孔向含水层注浆。

（5）注浆方式采用全段连续注浆，尽量填实岩溶裂隙和导水通道，注浆要分序次施工。

（6）注浆材料以黏土水泥浆为主，并要不断试用其他材料。

（7）注浆参数：水灰比、相对密度、泵量视单孔涌水量及岩溶发育情况而定，注浆终孔压力一般不低于孔口水压的2.5-3.5倍。

九、注浆施工

（1）注浆施工分类

①按时间分，有预注浆和后注浆；

②按材料分，有水泥、黏土、化学浆；

③按注入方式分，有单管压入的单液注浆和双管路孔口或孔内混合的双液注浆；

④按工程性质分，有突水点动水注浆、静水注浆、帷幕截流注浆；

⑤按地层条件分，有岩溶地层、裂隙地层和砂砾松散层注浆。

各类注浆施工有许多共同点，但因工程地质条件、注浆方式和目的要求的不同，也各有相应的施工要求。

（2）各类注浆堵水的特殊要求

①井筒地面预注浆的特殊工艺要求及措施

在钻探施工中要采取一切措施防止钻孔偏斜；掌握偏斜规律（一般沿岩层倾斜上方偏），适当变更深部注浆孔的地面位置；做好钻孔测斜工作，正确计算不同深度的偏距和方位，分析预注浆的薄弱部位，采取补救措施，对钻孔偏斜度大的段，用水泥封孔，按防偏措施重新钻进，定向打斜孔；少孔注浆，每个孔都自下而上又自上而下做好分段复注的工作，重点段多次扫孔复注，注前做好冲洗孔工作，导通注浆裂隙、扩大注浆半径，内孔爆破或打斜孔。

②立井或斜井工作面预注浆的特殊工艺要求及措施

要防止岩柱、井壁或止浆垫抬动破裂；要预留或筑砌止浆垫。

③井筒壁后注装的特殊工艺要求及措施

用几种办法多埋导水管：风钻打眼，大空洞重新砌砖埋管，小孔隙塑胶泥埋管，大面积的细小水流插水针导水，塑胶泥抹面；在注浆时，用木楔、棉线、塑胶泥堵跑浆裂隙；用间歇注浆和双液浆、灰浆水玻璃，低压反复注。

④突水点井下动水注浆的特殊工艺要求及措施

对破坏导水区多打孔、打深孔；控制跑浆；间歇注浆；向出水点跑浆的钻孔应当注入一定量浓浆并在进入跑浆通道时，立即在孔口放水，使地下水沿钻孔泄压，不向跑浆通道流通；加深止浆塞位置，使浆液进入深部；当高压水在井下钻进时，应注浆加固，并多次试压检查。

⑤突水点地面动水注浆的特殊工艺要求和措施

用18号铁从钻孔悬下，随水流移动，堵塞水路；突水通道断面缩小后，紧接着注砂和石子等锚料。在注料时，钻杆在孔内转动喷水，水和砂（石子）从钻杆与套管间隙进入通道；充填骨料后，立即注水泥—水玻璃双液浆，凝胶时间控制在0.5min、1min和3min。

⑥突出点地面静水注浆的特殊工艺要求及措施

绘制精确的井上下对照图，根据构造、高程及勘探孔，寻找出水点，打一孔分析，最后命中出水点层位；进行抽（排）水和连通试验，确定钻孔与出水点水力联系的强弱，明确注浆价值；对大的岩溶通道，既要控制跑浆，又要保证充填固结强度。

⑦帷幕截流注浆的特殊工艺要求及措施

基底和两翼隔水条件清楚；注浆孔要有足够的密度和排数；做好钻孔冲洗裂隙和上行、下行及关键段钻孔复注工作；防孔斜，缩短钻孔深度。

⑧砂砾石层帷幕注浆

帷幕孔阶梯式布置，浅孔帷幕面积大，随着孔深加大而逐步缩小其面积，使深孔上段在帷幕固结的条件下钻进，起到了加固上段的作用。

第六节　防水闸门和水闸墙

一、防水闸门、水闸墙的预防目标与设防位置

（1）煤矿在需要堵截水的地点应设置水闸墙。

（2）煤矿在井下巷道掘进遇溶洞或断层突水时，为封堵矿井水或溶洞泄出的泥砂石块，可构筑水闸墙。

（3）根据预防目标的不同，水闸门（墙）设置的位置可以选在井底车场大巷、延深水平大巷或石门、采区上下车场三种不同的地段。

二、防水闸门、水闸墙设计

1. 正确选择防水闸门、水闸墙位置

（1）防水闸门、水闸墙位置的影响因素

①所选位置应不受井下采动的影响；②应尽可能选在较致密岩（煤）层内；③应远避断层和岩石破碎带；④从通风、运输、行人、放水安全等方面考虑，要便于施工和灾后恢复生产；⑤应尽可能设在单轨运输的小端面巷道内；⑥不受多煤层开采因素影响；⑦在矿井水文地质条件复杂地区，在进行新矿井巷道布置和生产矿井开拓延深或采区设计时，必须根据水患威胁情况，考虑设置防水闸门或水闸墙的位置，且必须在其附近保留足够的防水煤（岩）柱。

（2）防水闸门、水闸墙位置的正确选择

①矿井结合开拓部署事前选定防水闸门、水闸墙位置，掘进到这一位置预留前方试压空间后应首先建门，以免丧失耐压检验的条件（否则门前要另建试压闸墙），耐压检查合格后方可进行后续工程。②防水闸门、水闸墙位置一般要求设置在围岩中等稳定以上的巷道中。若条件限制，迫不得已放在软岩（煤）中时，在设计中必须考虑特殊的加固措施。③硐室设计前，首先考虑的因素有硐室的使用性质以及通风、排水、行人、供电、管线要求，其次还要注意施工条件、巷道之间关系、围岩性质。在运输巷道中（如皮带、机车），由于水闸门宽度限制，往往要考虑绕道另设行人水闸门。当通风断面过大、流水量过大、围岩条件差，建门时需开凿的巷道断面过大，单门硐不能满足要求时，也要考虑绕道和双门硐问题。④一般来说，在满足使用条件下，防水闸门、水闸墙应尽可能做到设计断面小、混凝土体积长度短，以方便施工、降低工

程造价。

2. 合理确定硐室设计的主要技术参数

（1）门硐尺寸确定后，抗水压力、混凝土设计强度、安全系数便成为硐室设计的主要技术参数。深部水平，水压很大时，应考虑水平隔离，把门建在深部水平的上限，或水位升至某一高度时即让其自流排泄，以降低门的抗水压要求。

（2）在选择硐室混凝土强度时，应根据巷道围岩性质、施工单位技术素质来确定，同时也不能忽视井下作业条件的限制。巷道围岩条件好，如砂岩、灰岩，岩石硬度系数大于6时，可采用250#以上高标号混凝土，以减少工程量，节约资金。但在砂质泥岩、泥岩、煤巷设置水闸门硐室时，则可采用150#~200#低标号混凝土，以适应软岩低强度支撑条件。

（3）水闸门设计安全系数目前全国各设计单位没有统一采用标准。安全系数取值不同，直接关系到硐室工程量大小及硐室的安全度。安全系数是工程使用中适度的安全富裕量，在加强施工质量管理，确保工程质量的基础上，高压与低压应区别对待。

（4）凡属采用的设计，必须根据规定设计内容和必要的计算基础进行重点检查验算。设计缺项必须在采用前补齐，补充的设计图必须按规定报批。

（5）硐室中布置有水沟闸门时，水沟闸门与行车门硐须在平面上错开布置，大门与小门不得上下重叠。

（6）硐室迎水端向里25m处，须安设向里开的巷道铁栅栏门和水沟箅子。硐室两端护碹范围内的混凝土底拱应与护碹基础整体连接或与预留斜口接茬连接。在门框后部及门洞周围混凝土应力集中部位，必须采取加固措施，增强其抗剪抗压和防渗能力，以防混凝土被局部集中应力突破。

3. 确定防水闸门、水闸墙混凝土密闭体的厚（长）度

防水闸门、水闸墙的混凝土密闭体厚（长）度（水闸墙与之相同），一般采用圆

柱体公式，经过三个步骤计算确定：

（1）根据使用综合条件预选混凝土设计强度（200#~250#），按使用条件密闭体为一段时所计算的最大硐室宽度（高度），试算硐室最大掘进宽度（高度）。

（2）根据工程的综合条件调整技术参数（改混凝土设计标号、定密闭体段数）再进行计算，使之达到适合施工条件为止。一般来讲，密闭体掘进最大宽度和高度不宜太大，混凝土密闭体段数不宜太短、太多，混凝土设计强度不宜过高。

（3）设计计算完毕，数据取整后验算安全系数。

4. 防水闸门、水闸墙施工图设计中应注意的事项

（1）门框加固，为保证水闸门关闭承压后作用于门框的压力能够均匀传递到混凝土当中，避免门框附近发生混凝土剪切破坏，在水闸门紧贴门框位置附近应采取加固措施（设工字钢或布钢筋网）。

（2）双门硐应加固门柱（设工字钢或加筋）。

（3）硐室迎水面水闸门门槛应尽可能降低。

（4）采用预埋起重环等形式降低硐室高度。

（5）各种预埋管件防腐除锈试压并在管外壁焊设法兰盘状防滑摩擦片。

（6）关键部位预埋注浆管，重视壁后注浆工作，消除施工隐患。预埋的注浆管内径应大于风钻头的直径，以便必要时扫孔或延深钻进后实行多次重复注浆。

三、防水闸门的技术要求

（1）防水闸门必须采用定型设计；防水闸门的施工质量，必须符合设计要求。

（2）水闸门是用于防止井下突水威胁矿井安全而设置的一种特殊闸门，一般设在可能发生涌水需要截断而平时仍需行人和行车的巷道内。

（3）防水闸门来水一侧 15~25m 处，应加设一道挡物篦子门。

（4）通过防水闸门的轨道、电机车架空线、带式输送机等必须灵活易拆；通过防水闸门墙体的各种管路和在闸门外侧的闸阀的耐压能力，都必须与防水闸门所设计压力相一致；当电缆、管道通过防水闸门墙体时，必须用堵头和阀门封堵严密，不得漏水。

（5）防水闸门必须安设观测水压的装置，并有放水管和放水闸阀。

（6）防水闸门竣工后，必须按设计要求进行验收。

（7）防水闸门一般是由混凝土培体框和能开启的铁板或钢板门扇所组成。

（8）老矿井不具备建筑水闸门的隔离条件，或深部水压大于5MPa。高压水闸门尚无定型设计时，可以不建水闸门，但必须制定防突水措施。

（9）防水闸门必须灵活可靠，并保证每年进行两次关闭试验。

（10）防水闸门、闸阀等由维修负责人每月巡回检查一次。

四、防水闸门、水闸墙施工要求

（1）防水闸门、水闸墙要求设置在致密坚硬且完整无隙的岩石中。如果必须在松软岩石中砌筑时，就应当在砌木闸门、密闭门或水闸墙内外的一段巷道里全部砌做，之后注浆，使之与围岩紧密固结，构成一个坚固整体，以防漏水甚至崩溃。

（2）防水闸门、水闸墙可用缸砖、料石、钢筋混凝土或建筑用砖砌筑，视所受压力大小而选定材料。墙垛四周应掏槽伸入岩石之中，事先埋好注浆管，待墙垛竣工后，再压注水泥砂浆，充填缝隙使之与围岩构成一体。

（3）防水闸门、水闸墙由墙垛、门框、门扇及衬垫组成。门框净高、净宽视巷道运输量的需要而确定。

（4）防水闸门、水闸墙墙垛由混凝土筑成，应按设计留好各种水管孔和电缆孔。门扇可根据经受水压的大小，采用铁板焊接或铸钢制成。门框与门扇之间的衬垫，用铜片或铁皮包橡胶做成。

第七节　矿井防排水技术

一、矿井地面防水

1. 矿井地面防水内容

矿井地面防水主要包括：地表水体与降水渗漏的防止、抗洪防汛、喀斯特管道流的围截与疏导、滑坡泥石流的防治等。

2. 矿井地面防水技术要求

（1）充分调查研究当地的地形地貌条件，编制地形地质图和基岩地质图，掌握基岩含水层煤层的出露和隐伏情况，准确确定地表分水岭和含水层的地下分水岭，计算每一水系沟渠的汇水面积；研究取得不同降水强度下的地表径流、地下径流系数，充分利用当地气象资料，计算出当地不同频率的最高洪水位、水系沟渠的洪峰流量，根据《煤炭工业设计规范》的设计和校核标准，兴建防洪工程。

（2）掌握和圈定矿区最高洪水位淹没范围，根据井下开采范围不断扩大影响地表塌陷的规律，分析喀斯特洞穴、隐蔽古井筒和采动裂隙雨季突然陷落灌水的可能，事前采取预防、堵漏措施。

（3）掌握煤层开采冒落带、导水裂隙带的发育规律及开采地表塌陷的岩移塌陷规律，分析认识含（隔）水层条件的变化和地表水总大气降水入渗的状况，设计施工地表防水工程。

（4）做好防洪抢险的各种准备，预防狂风暴雨雷电的突然事故。

（5）做好地下暗河及管道流系统、滑坡、泥石流调查分析工作，采取预防、治理措施。

3. 矿井地面防水的种类

（1）地表水体及降水渗漏的防止

地表水体及降水渗漏的防止是矿井防治水工作中极其重要的一个方面，矿井水的主要来源是地表水和大气降水的渗漏，含水层向矿井充水，其最终水源也是大气降水或地表水。

（2）抗洪防汛

抗洪防汛是地面防水的重要组成部分，对某些地形条件特殊的矿井来说，是安全生产的关键。抗洪防汛要求是：井口和工业广场的位置必须高于当地最高洪水位，符合有关防洪的校核标准；开采坍陷难于堵漏的地段，要留设煤柱，暂缓开采，待矿井开采后期处理；一切地面建筑要避开山洪可能袭击的地点。

（3）喀斯特管道流的围截与疏导

查明喀斯特管道系统及与之相连的溶蚀洼地，加强地面防水，截堵汇入洼地的山洪，依据地形挖多级重叠式防洪沟疏导泄水。

煤层开采引起的地表沉降塌陷，形成人工湖甚至大范围的内涝，特别是厚煤层矿区，是地面防水的重要方面；在洪水泛滥区的煤层露头乱开小煤井，会给矿井安全带来隐患和威胁，给地面防水带来很大困难。

二、矿井井下防水

1. 矿井井下防水内容

矿井井下防水主要包括：井下各采掘工作面水情预测预报、探放水、大水矿井的隔离开采、防水闸门（墙）的设置、各类防水煤（岩）柱的合理留设、隔水层利用与突水预测预防等。

2. 矿井井下防水技术要求

（1）有计划、有针对性地进行矿区和矿井水文地质调查、勘探和各项观测工作，查明矿井各种充水因素，分析研究各类地下水的贮存运移规律，根据生产安排的需要，不间断地提供水文地质资料，并对采掘工作面进行细致的年度、月度水情分析预报，研究预防措施。

（2）坚持“有疑必探，先探后掘（采）”，进行井下探放水工作；探水工程的超前距、安全套管下放深度和固结控水装置方式、安全注意事项，应按规程和设计要求严格执行。

（3）有突水危险的矿井或区域，要按照《煤矿安全规程》的规定和要求，设置防水闸门，创造控制隔离条件后方可采掘；有的危险区要设置防水闸墙进行封闭隔离，以减少危险和涌水量。

（4）在相邻矿井的边界处，断层两侧，喀斯特陷落柱、大片老空积水区及其他对矿井有威胁的水源周围，要根据条件和需要正确招设各类防隔水煤（岩）柱，避免和控制水患的发生和蔓延。

（5）煤矿要同时研究含水层、隔水层，确切了解每一个采区和采煤工作面隔水层的厚度、岩性及其层次组合关系，结合突水规律、突水机理，充分利用隔水层来预测和预防突水，同时为疏水降压提供合理的安全水压值。

（6）煤矿要对古井小窑采空区和本井采空区积水进行调查分析和核实，采取慎重、稳妥的措施，事前加以探放或有效隔离，不留后患。

3. 矿井井下防水的种类

（1）矿井各采掘工作面水情预测预报

每年年初要根据开拓工程和采区的具体部署，对照各矿井可能存在的水害类型，逐一进行排查分析，提出疑点，落实查明措施，指出存在问题，制定解决办法，形成年度水情分析预报资料，纳入生产作业计划，使有关领导和部门都掌握情况明确任务；每月编制生产作业计划时，应进行每个采掘工作面的水文地质条件的分析，预报其前进方向和顶底板及两侧的含水层（体）的赋存情况、威胁程度，提出预防和解决措施，形成月度水情预测预报资料。

（2）矿井探放水工程

接近水淹的井巷、采空区、小窑，接近含水层、导水断层、含水裂隙密集带、喀斯特溶洞和陷落柱，打开隔离煤柱放水前，接近有水或稀泥的灌浆区、可能突泥突砂区，接近可能突水的钻孔，采动影响范围内有承压含水层或水体，煤层与含水层间隔水岩柱厚度不清、有突水可能以及采掘工作面有出水征兆时，都必须安钻探水，以查明情况，掩护采掘作业，直至最终放出威胁水体或排除疑点。探水工程以钻探为主、物探为辅，用物探配合确定钻探。

（3）大水矿井的隔离开采

水文地质条件复杂的大水矿井，由于水害威胁不能绝对排除，应实行一定范围甚至全矿井的分区隔离开采，使威胁水源（体）或灾害得到控制，缩小波及范围，是井下防水的重要方法。隔离方式分为按煤层分层组隔离、分水平隔离、分采区隔离、分两翼隔离、只对危险区隔离、只对主排水泵房保护隔离六种。

（4）防水闸门（墙）的设置

防水闸门（墙）的设计、施工，应严格把握以下基本点：①位置的选择；②正确设计计算砌体长度，门框、门扇强度，要有一定的安全系数；③过防水闸门（墙）的水沟；④防水闸门内 15~25m 处应设有铁栅栏门；⑤施工中除严格按设计要求掏槽、清帮和执行混凝土浇筑的各项规定外，还要特别注意门框、门扇在运送中不受损伤；⑥做好耐压试验；⑦建立严格的管理维护制度。

（5）各类防水煤（岩）柱的合理留设

防水煤（岩）柱按其作用可分为六类：①两矿井之间的边界煤（岩）柱，简称矿间煤（岩）柱；②水体下采煤的安全煤（岩）柱；③断层防水煤（岩）柱；④长期隔离不予探放水的老空积水煤（岩）柱；⑤喀斯特陷落柱、导水钻孔、构造裂隙发育的高承压水威胁区煤（岩）柱；⑥与防水闸门（墙）相关的煤（岩）。

（6）隔水层利用与突水预测预防

我国广大的华北型石炭二叠纪煤田，煤层底板有厚层奥陶系及寒武系灰岩；南方型晚二叠世煤田，煤层底板则为厚层的茅口（阳新）灰岩。由于这类含水层每年雨季都可得到强烈的补给，降水量很大，经济和电力负担很重，极不合理，且即使形成一定疏降漏斗，大雨年份往往仍能回填升压；深降强排，预留漏斗回填水量，则将破坏和影响已有的工农业取水、供水系统，而重建这些取供水系统，工程量很大，既要重复耗资，又将加大高扬程供水的电力负担；疏供结合只有在社会效益协调的情况下，限定降深才能进行，对深部煤层来说，始终存在带压开采的问题。因此，充分利用隔水层，预测预防突水，成为我国煤矿井下防水最重大的课题和难题。

4. 矿井井下防水技术内容

（1）利用突水系数判别突水危险程度，对受水威胁煤层进行分区评价，做到心中有数，并明确重点。

（2）加强对导水构造的分析和探查，预防突水灾害的发生。

（3）钻探、物探结合，确切查明每一个受水威胁采煤工作面的底板隔水层厚度及其变化，原始导高的存在状况。利用原始导高和信息指示层的水压、水量，判别强含水层在采煤地段的富水性，预测开采危险程度。

（4）利用原始导高和信息指示层的高水位区，分析导水构造的存在，判断采动条件下地下水“再导升”现象的发展，预报突水危险。

（5）观测直接顶、基本顶来压规律，分析集中支承压力强度，改进工作面的布置，减少矿压对底板的破坏深度和引张力的强度。

（6）加强采煤工作面底板断裂构造及节理展布规律的分析，避免工作面推进方向与导水构造裂隙的走向平行。

（7）需要时注浆加固，改造水文地质条件。

三、矿井排水

1. 排水系统的技术要求

（1）合理选择和配置水泵、水管和配电设备，使之达到安全规程的要求。

（2）根据卧式离心泵、立式潜水泵或卧式潜水泵规格型号和主要泵房所在区域正常涌水量、最大涌水量和可能出现的灾变水量，按照《煤矿安全规程》和《煤矿防治水规定》掘砌水仓、泵房、沉淀池，设置泵房水仓配水通道的控制闸门。

（3）根据《煤矿安全规程》，每一矿井应有两回电源线路。

（4）水泵、水管、闸阀、排水用的配电设备和输电线路，都必须经常检查和维护。

2. 矿井排水新技术的应用

（1）大流量高扬程潜水泵开发与应用的现状

我国通过多年的努力，排水技术装备的设计制造已赶超世界先进水平，在设备使用的条件之复杂、范围之广、数量之大等方面，都是世界各国所不及的。我国已研制改进和引进吸收生产出系列矿用排水泵包括：卧式离心泵；深井泵、立式潜水泵、轴流潜水泵；可供立井、斜井、平巷强行排水时做转排泵或前置泵使用的单级单吸离心泵、单级双吸离心泵、分段式多级离心泵；大流量、中等扬程的中开式多级离心泵；适用于排酸性水的耐酸泵；适用于矿井水含泥砂量很大的扬程的射流泵。

（2）潜水泵开发设计主要参数

①流量、扬程相匹配的管径和壁厚设计，确定管路选型；②泵的选型除扬程、流量外，还有水的 pH 值、水温、水的含泥砂量（浑浊程度）以及是否需要带接力泵；③分析计算受力情况，包括水柱重、水锤力、泵重、管重和总负荷及管端应力等；④根据正常重量、最大起重量、泵及管的最大高度，设计选用起吊系统；⑤根据总负荷，设计井口安装架；⑥潜水泵的配电与控制设计，主要包括水位电缆、测温电缆、高压电缆和低压电缆以及低水位报警和最低水位自动跳闸系统；⑦通信及相应的工具设备；⑧设计应包括与排水仓或大沉淀池相连的潜水泵，其深度要高出跳闸水位 1.5m 左右，带接力泵的要高出接力泵允许起动水位 1m 左右，并设计有清理斜巷，并能定期清理这一泵窝；⑨设计有可供随时起吊和下放的专用排水立井或大口径排水孔。

3. 矿井排水种类

（1）常规排水

事前预计得知矿井正常和最大涌水量后，有充裕时间进行设计和准备的排水。

（2）抗灾排水

大水矿井的突水，水量难以预计，其规律往往是先有一个高峰流量，而长期的稳定流量就小一些，只要配合水闸门（墙）的作用，抗住高峰流量，就可保证矿井安全。为此，《煤矿防治水规定》中规定，有突水危险的矿井，可较常规排水适当扩大泵房能力，或另行增建有一定能力的抗灾泵房，并尽可能选用潜水泵。

（3）抢险保矿和阻水复矿排水

这是特殊条件下的排水，往往水量大、时间紧，不具备条件也要创造条件，需注意的细节很多。

四、矿井防、排水系统的建立

1. 水仓

水仓容量要符合《煤矿安全规程》和《煤矿防治水规定》的规定，保证能在一定的时间内存储一定的涌水量，以便能有缓冲时间来排除排水系统的一些偶然停运故障。主要水仓必须有主仓和副仓，当清理一个水仓时，另一个水仓能正常使用。矿井最大涌水量和正常涌水量相差特大的矿井，对排水能力、水仓容量应专门设计；水仓进口处应设置篦子。水仓的空仓容量必须经常保持在总容量的 50% 以上。

2. 泵房

泵房内的环形管路及相应的闸阀能有利于充分发挥排水管路和各台水泵的能力，启动和调配水量方便合理。当同一矿井、同一水平有数个泵房时，其地面标高应尽可能一致，这样便于协同排除该水平的来水，形成统一的排水能力，防止低位泵房被淹、高位泵房还发挥不了排水功能的情况。如这种情况存在，建议安装 SH 型或 S 型单极、双极低扬程大流量的接力泵与高位泵房配套，充分发挥高位泵房的排水作用。

3. 排水管道

矿井必须有工作和备用的水管。工作水管的能力应能配合工作水泵在 20h 内排出矿井 24h 的正常涌水量。工作和备用水管的总能力，应能配合工作和备用水泵在 20h 内排出矿井 24h 的最大涌水量。水管管径要与水泵能力相匹配，水管趟数要与总设计排水能力相匹配，水管壁厚要与相应的扬程相适应，这些应由设计部门选型；矿井水文地质工作者，需要掌握不同直径管路的通水能力。

4. 水泵

煤矿必须有工作、备用和检修的水泵。工作水泵的能力，应能在 20h 内排出矿井 24h 的正常涌水量；备用水泵的能力应不小于工作水泵能力的 70%；工作和备用水泵的总能力，应在 20h 内排出矿井 24h 的最大涌水量；检修水泵的能力应不小于工作水泵能力的 25%，水文地质条件复杂的矿井，可在主泵房内预留安装一定数量的水泵的位置。

5. 供电系统

煤矿的供电系统应同工作备用以及检修水泵相适应，并能够同时开动工作和备用水泵。各水平中央变电所和主排水泵房的供电线路不得少于两回路，当任一回路停止供电时，另一回路应能担负全部负荷的供电。

6. 闸门系统

对大小矿井来说，根据具体的水文地质和工程地质条件，要整体考虑矿井采区开拓部署，实行分水平、分煤层、分区域，甚至分采区的隔离措施，修建水闸门系统，以便于某一地点发生意外突水时，可立即关闭闸门，使灾情迅速得到控制，保障其他地点的正常安全生产，这是矿井的重要防水系统。

7. 矿井临时排水系统

（1）转水站：对基岩段富水性较强的深井，应在井筒中部设置相应排水能力的转水站。

（2）井底临时排水设施：井筒开凿到底后，井底附近必须设置具有一定能力的临时排水设施，保证临时变电所、临时水仓形成之前的施工安全。

（3）施工区临时排水系统：在建矿井在永久排水系统形成之前，各施工区必须设置临时排水系统，并保证有足够的排水能力。

8. 矿井排水系统维护要求

（1）水泵、水管、闸阀、排水用的配电设备和输电线路，必须经常检查和维护，在每年雨季前必须全面检修一次，并对全部工作水泵和备用水泵进行一次联合排水试验，发现问题及时处理，并有检修、试验等记录。

（2）水仓、沉淀池和水沟中的淤泥，应及时进行清理。每年雨季前必须清理一次。

五、矿井防、排水系统技术数据库

（1）泵房标高和水泵出水标高，排水管井巷的垂直深度或斜长以及断面、坡度；

（2）水仓的经常性有效容量；

（3）进入该水仓的经常性水量和最大水量，水流路线及其来水区域及充水原因；

（4）水泵规格型号及台数，每台水泵的额定和实测扬程量及电机功率和供电电压；

（5）水管规格及排数，每排的过水能力，结合水泵能力确定泵房的最大综合排水能力；

（6）供电线路规格、长度及其能力；

（7）泵房密封门、配水井控水闸阀的完好程度；

（8）水闸门所在位置的标高，控制范围，周围隔水煤（岩）柱宽度，上、下层采掘区重叠情况，层间距及岩性组合情况；

（9）水闸门设计抗压能力，耐压试验情况，水沟断面及其过水闸阀规格型号；

（10）水闸门启闭及维修管理工具、器材数量及其存放地点，专职或兼职管理维修人员名单；

（11）与水闸门配套的水闸墙所在位置标高、控制范围、周围隔水煤（岩）柱宽度，水闸墙内的积水量和水位标高；

（12）水闸墙设计的抗水压能力，耐压试验情况或注浆升压情况，墙上留设的水管及闸阀的材质及规格型号；

（13）矿井边界煤（岩）柱及其他类型煤（岩）柱的情况，设计尺寸，实有尺寸，不足原因和所在地段等。

六、矿井防、排水基础设施的建立

1. 基础设施的设计

煤矿经过矿井充水条件的系统分析，必须说明修建水闸、水闸墙的必要性和可能性；对于可设可不设的或需要设而已无条件设的情况，要采取其他防范措施，不能强行修建水闸门（墙）。矿井提出与水闸门（墙）相关的煤（岩）柱留设的分析和计算意见，防止水闸门（墙）一旦关闭，从薄弱地点以外突水带来的灾害。矿井选择工程地质条件最好的地点修建防水水闸、水闸墙，明确需承受的最高水压，关闭后水质发生的变化，周围的断层构造情况，岩石和岩体的一般力学强度，上、下煤层采动影响的程度等。

2. 施工

当硐室掘凿施工时要及时观察围岩变化情况，详细描述岩性结构及裂隙节理组的密度、走向、倾角，并做出素描展开图。注浆管要合理调整其数量、俯角和仰角，使其针对混凝土砌体与围岩节理裂隙接触部位，其俯角、仰角要便于用直径 42mm 钻杆安装钻机透孔复注或用风钻透孔复注。水闸门或水闸墙要做耐压试验，既可用于高压泵打压试验，也可利用条件引高压钻孔水或排水管路内的水进行设计规定的静水柱压水，后者更方便、更安全，并可确保稳压 24h 以上。发现漏水，要分析条件，进行补充加固注浆。对于水闸墙，一般应按两段设计，两段之间留 0.1m 的间隙，用钢筋或工字钢均布连接，钢筋或工字钢间的空隙充填石子或石块，预埋若干条注浆耐压试验管，通过注浆进行两段砌体间耐压检查。

3. 管理

（1）熟悉统一制定的管理制度和所需工具设备存放的地点及规格与数量。

（2）编写定期检查维修的详细记录。

（3）定期分析周围采掘情况、水闸门（墙）附近围岩变化和隔水煤（岩）柱变化。

（4）定期分析水闸门（墙）控制区的充水条件变化。

七、矿井强排水技术

1. 被淹井巷的几种情况和采取的措施

（1）当采区或一个水平淹没时，可关闭水闸门以控制事故，并根据已有永久排水系统的能力及增设的临时排水能力，有计划地开放水闸门上的放水管进行排水。

（2）当采区或大巷被淹时，关闭大巷水闸门，保住井底车场正常排水。当确认井底车场和泵房有被淹没的可能时，应突击安装潜水泵，以便在撤出卧泵和全部工作人员后，潜水泵能继续排水。

（3）当全矿井被淹没后，应根据具体情况，经过技术经济比较，确定恢复被淹矿井的排水方案。一般可采用强行排水、先堵后排、放泄排水和钻孔排水四种方式。在条件允许时亦可采用综合排水。

2. 矿井强排水的准备工作

（1）矿井的原有水量和新增水量。

（2）矿井原有的排水系统、安装地点及排水方式，可利用的排水设施。

（3）矿井的供电情况。

（4）静水量按标高分布的图表。

（5）预计动水量与排深有关的变化曲线。

（6）静水位、井底、井口及各水平标高。

（7）矿井总平面布置图及井上下对照图。

（8）可供布置排水设备的井巷断面图。

（9）矿井瓦斯、二氧化碳和其他有害气体的涌出、分布情况和通风系统。

（10）水质分析资料，如水的酸、碱度，水中的泥砂含量等。

第八节　煤层采煤前方小构造预测的 ANN 技术

一、概述

1. 矿井采煤工作面小构造预测的研究意义

小构造，一般是指断层落差小于 5m 的小断层或一些发育规模较小的裂隙、溶隙。在矿井生产过程中，这些小构造对工作面煤层开采和巷道开拓掘进具有极大的影响：①小构造影响矿井煤层的可采性，增加矿井施工巷道的掘进量；②破坏了开采煤层顶、底板的稳定性，形成较为隐蔽的涌水通道。这些通道轻则使生产矿井涌水量明显增大，增加矿井的排水费用，提高吨煤成本；重则造成部分巷道、部分工作面或整个矿井突水被淹，给国家和人民生命财产造成巨大损失。

2. 小构造预测研究的新技术和新方法

矿井小构造预报研究是一个难度极大的研究课题，由于小构造发育规律的隐蔽性和发育规模的有限性，一般不易被探测。以下是一些小构造预报的经验：①在多煤层矿井开采生产中，上、下煤层中的小断层发育特征基本是一致的，预测可根据上部煤层开采所获小构造信息来对下部未开采煤层中的小断层进行预报；②预测可以利用矿井各类地球物理勘探方法对小构造做出预报，在出现小构造的部位，地球物理参数显示出异常变化；③通过对比相邻钻孔资料，并结合整个矿区大、中型构造的发育规律及其空间展布特征，也可对小构造做出一些预报。

在矿井生产过程中，通过区域性边界大断裂来决定井田的构造轮廓，也是煤田或井田的划分依据；中型断层是井田的主要构造，影响水平、采区的划分和主要巷道的布置。小构造同样影响着工作面的布置和采煤方法的选择，它们不仅影响煤层的可采性，增加巷道掘进量，而且还破坏了煤层顶、底板的稳定性，形成较为隐蔽的涌水通道。

小构造的预测预报是煤矿安全和高效生产的重点研究对象。采煤工作面和巷道掘进前方小构造预报是目前煤炭生产急需解决的实际难题。人工神经网络（ANN）是近年来兴起的一个高科技研究领域，它是一种强大的非线性信息处理工具，有模拟人类大脑的学习、记忆、推理和归纳等功能。在煤层回采掘进过程中会暴露出各种与煤层小构造相关的信息，这些各种信息非线性相关，我们难以人为建立相互映射关系。我们利用人工神经网络技术，建立预测模型，对煤矿采煤工作面或是掘进前的小构造做初步预测。

二、ANN的基本理论

人工神经网络（ANN）自1943年被提出之后，就引起了人们的极大兴趣，并在声呐信号识别等领域的应用取得了一定的成绩。但后来在ANN理论上和实现技术（计算机速度限制）上的困难，使神经网络领域的研究近于停滞。随着微电子技术的快速发展和Hopfield模型等的提出，ANN再度升温，并使神经网络研究取得了某些突破性的进展，在许多应用领域硕果累累，解决了生产实践遇到的许多问题。

人工神经网络是一种高度的非线性映射处理系统，具有强大的自组织、自学习、自适应和分类计算能力。BP（Back Propagation）网是当前应用最广、最先进、较成熟的一种网络。BP网是一种反向传递并修正误差的多层映射网。在参数选取适当时，能收敛到较小的均分误差。BP网对外界输入的响应是以并行的、非确定性的方式表现出来的，因此它是并行处理系统。ANN由三层网络组成，即输入层、隐含层和输出层。由于三层网络中引入了中间隐含层，每个隐含神经元可以按不同的方法来划分输入空间，从而形成更为复杂的分类区域，大大提高了神经网络的分类能力。

三、小构造预报的 ANN 物理概念模型

1. 与小构造相关的煤层变化特征信息

煤层作为整个煤系沉积地层的一部分，在整个地质历史演变过程中，与其他沉积地层一样，同样经受了一系列的地质构造运动，因而煤层中也必然保留了大量的构造运动痕迹，由于煤比一般岩石质软，因而更易遭受变形破坏。其构造痕迹主要包括以下几个方面：

（1）煤层中裂隙类型的变化

煤矿在工作面回采过程中，如果发现所采煤层的裂隙由缓倾斜裂隙（$\alpha < 30°$）或 X 型剪切裂隙（$\alpha < 45°$）逐渐变化为急倾斜裂隙（$\alpha = 45°\sim80°$），甚至垂直裂隙（$\alpha = 90°$），就应该结合其他信息，注意回采前方可能存在小断层的错动。

（2）煤层倾角的变化

在断层部位，由于受到牵曳作用的影响，小构造两盘相互错动，使在原状态下呈某一固定产状延伸的煤层倾角发生了急剧变化；煤层的这种倾角变化相对原倾角可变大也可变小。根据大量煤矿井的回采实践证明，一般如果煤层倾角变化率达到每开采 10m，其倾角变化大于 0.6° 时，就应该注意回采前方可能存在小构造。

（3）煤层厚度的变化

在漫长的地质年代，煤层受区域构造应力的作用可能产生流变，致使煤层厚度发生变化。在小构造部位，由于两盘相互错动，往往使煤层变薄；根据实践经验总结，一般当煤厚变化量大于正常背景厚度的 20% 时，回采前方可能存在小构造。

（4）煤层瓦斯聚集量的变化

煤层瓦斯含量的高低主要取决于煤系地层系统的封闭程度和地层结构完整性，如果煤系地层系统的开启程度差、封闭性好，贮集于煤层的瓦斯气体不易向外散发，那

么瓦斯聚集量就大；相反，如果煤层系统的完整性受到诸如小构造错动等的破坏，使其裂隙发育，封闭性变差，煤层中的瓦斯气体就很容易溢出，瓦斯含量就偏低。因此，在煤层回采过程中，如果发现煤层瓦斯聚集量由正常数量突然急剧降低，就应注意回采前方可能存在小构造。

（5）煤层温度的变化

张性和张扭性断裂带一般是地下水和地下热水运移的良好通道，它既可以使浅层水和上部凉水沿断裂带不断渗透到地下深层，使煤层温度降低，也可以使地下深处的热水或断层生成的热源不断地输送到浅部，使煤层温度升高。因此在回采过程中，如果煤层温度发生急剧的升降变化，也应注意开采前方可能存在小构造。

（6）煤层涌水量的变化

大量煤矿生产实践证明，导水断裂构造带是矿井涌水的一个重要通道，若导水断裂构造切割充水含水层组，靠近断裂构造带的矿井工作面，涌水量就会明显增大，甚至可能造成突水淹井事故。因此，若回采前方涌水量出现异常增大现象，则表明前方可能存在导水小构造。

（7）煤层破碎程度的变化

在煤系地层遭受小构造破坏的同时，赋存于其中的煤层也必然发生破碎变形。煤层受小构造的切割错动，在构造影响带，煤层发生碎裂变形破坏，其完整性大幅度降低，破碎程度急剧增加，煤层裂隙率明显变高；但在构造影响带以外，煤层逐渐恢复到原来的完整状态。

2. 利用矿井物探资料预报小构造

电法勘探包括直流电法、电磁频率测深法、无线电波透视法、地质雷达法等；地震勘探主要包括地面地震勘探、瑞利波勘探、槽波勘探等。其中无线电波坑道透视是目前生产实践应用较为广泛的一种矿井物探方法，由于断层破坏了煤层的正常结构，使煤层发生错动或位移，在断层面附近煤层破碎、节理裂隙发育，而电磁波遇到各种规则或不规则的界面时就会发生折射、反射或散射等物理现象，比正常煤层对电磁波能量有更大的吸收作用。如果断层带是充水断层，则断层带附近电阻率降低，故吸收系数将会显著增大。因此，断层在透视曲线上的反映一般表现为衰减系数的异常低值。根据透视曲线的异常特征，综合分析其他资料，就可以利用无线电波透视法确定工作面内的小断层。由于每一种物探方法都有其各自的应用条件和适用范围，所以在实际应用中，要遵循多手段、多信息相结合的综合勘探原则。

3. 利用区域大、中型构造体系预测小构造

井田内小构造的发育展布规律一般受控于大、中型构造体系，大多数小构造主要为大、中型构造的伴生构造，其他部分是在构造应力作用下沿煤层产生的层间滑动小断层，少数小构造是在局部应力场作用下在煤层中形成的小断层。因此，预测小构造必须首先搞清楚矿区、井田内的大、中型构造发育规律，在煤矿采掘活动接近这些构造部位时，就应特别注意可能出现的小构造。

四、ANN 技术应用的具体工作程序

利用 ANN 进行矿井小构造预测时，首先要对预测小构造的人工神经网络选取适当模型，在 ANN 技术中，BP 网络模型应用广泛，理论趋于成熟。针对小构造预测建立 BP 网络模型，我们将上述这七种构造痕迹称为 BP 网络模型的主控因子（因素），ANN 是基于数据驱动的数学模型，所以需要一定量的数据样本来让 BP 网络模型训练。

对取回的数据在实验室做分类处理，人工神经网络首先要用已知的样本对网络进行训练。整个预测评价过程基本由计算机自动完成，从而大大降低人为因素的干扰。

介绍一下在对小构造进行预测的过程：

（1）确定评价研究区，查明研究区井田地质情况，分析该区煤层的地质特征，找

出影响该区煤层小构造的因素。

（2）数据收集。由于采用的是人工神经网络（ANN）技术中的BP网络模型，所以需要大量且准确的样本数据。主要收集小构造附近煤层的相关信息，如煤层产状等，能体现出变化的最好。还有就是矿区的早期显现的特征等地质资料。

（3）我们主要参照收集得到的地质数据信息，选取出影响该研究区煤层小构造的主控因素。

（4）对主控因素的样本数据进行筛选分类、归一化或无量纲化处理。

（5）结合收集到的资料信息及确定的主控因素确定小构造预测预报的网络结构，建立概念模型。

（6）利用相关ANN程序对设计的BP网络模型进行训练学习。

（7）确定权重系数，建立完整数学模型。

（8）对得到预测模型进行测试分析。

（9）制作应用软件——小构造预测信息系统。

第九节　含水层改造与隔水层加固技术

一、概述

含水层改造与隔水层加固技术是20世纪80年代中后期发展起来的一项注浆治水方法。当煤层底板充水含水层富水性强且水头压力高，或煤层隔水底板存在变薄带、构造破碎带、导水裂隙带时，需采用疏水降压方法实现安全开采，但当疏排水费用太高、浪费地下水资源且经济上不合理时，采用含水层改造与隔水层加固的注浆治水方法实属上策。

二、含水层改造与隔水层加固的机理及成功应用

含水层改造与隔水层加固技术主要针对煤层底板水害的防治。它利用采煤工作面已掘出的上通风巷道和下运输巷道，应用地球物理勘探或钻探等手段，探查工作面范围煤层底板岩层的富水性及其裂隙发育状况，确定裂隙发育的富水段，采用注浆措施改造含水层或加固隔水层，使它们变为相对隔水层或进一步提高其隔水强度。

三、含水层改造与隔水层加固技术

（1）地面建造注浆站，集中向井下远距离输浆和注浆，简化注浆系统，提高自动化程度，为大规模改造自然地质条件提供手段，注浆管不超过50mm，在低凹位置可设置放水放浆闸阀。

（2）开发应用黏土水泥浆，在裂隙地层中灌注有其优点，在岩溶地层中应用需进一步实践分析。

（3）积极应用井下物探的方法探查煤层底板一定深度的岩溶裂隙发育情况、承压水原始导升高度和富水状况，为钻探注浆提供目标，也为注浆加固后的质量检验提供借鉴。

（4）在承压水头压力高、采动矿压对底板破坏影响较深的地区，加固改造目标层也应加深。

（5）多年现场实践显示，改造加固目标虽然是大面积的，但实际能进浆的范围却是局部的，主要在一些断层破碎带附近。如果能强化注浆，有可能解决一些垂直导水通道问题，扩大防治的效果。

（6）在注浆改造范围不大、注浆材料使用量少的情况下，也可以建井下造浆、注浆站。

（7）在水头压力高的地区井下打钻时，孔口安全装置要慎重设置。

（8）要提高各注浆孔的最后封口质量。

（9）对可利用注浆孔（有少量涌水又在采动影响范围以外者）进行采动条件下的涌水量、水压动态变化观测，开展突水监测工作，加深煤层底板突水机理的认识研究。

第十节　可视化地下水模拟评价软件系统（Visual Modflow）与矿井防治水

一、Visual Modflow 软件概述

由加拿大 Waterloo 水文地质公司在原 Modflow 软件的基础上应用现代先进的可视化技术开发研制的 Visual Modflow，是目前国际上最新流行且被各国同行一致认可的三维地下水流和溶质运移模拟评价的标准可视化专业软件系统。

Visual Modflow 软件包由 Modflow（水流评价）、Modpath（平面和剖面流线示踪分析）和 MT 3D（溶质运移评价）三大部分组成，并且具有强大的图形可视界面功能。Modflow 软件包可方便地以平面和剖面两种方式彩色立体显示计算模型的剖分网格、输入参数和输入结果。这个软件系统的最大特点就是将数值模拟评价过程中的各个步骤天衣无缝地连接起来，从开始建模、输入或修改各类水文地质参数和几何参数、运行模型、反演校正参数，一直到显示输出结果，整个过程从头至尾系统化、规范化。

这套软件系统的硬件运行环境要求并不高，它主要包括：① 486DX 或 Pentium 计算机；② 8M 字节的 RAM 和大约 400K 字节的自由低位内存；③ VGA 图形卡和配套显示器；④使用 5.0 以上版本的 DOS 操作系统。我国目前大多数科研院所甚至生产单位均可提供该系统的这种运行条件和配置。

二、Visual Modflow 软件的模块功能

1. 前处理模块

Visual Modflow 的前处理模块允许用户直接在计算机上赋值所有需要的几何参数、水文地质参数、计算方法参数和边界条件等数值计算必需信息，以便自动生成一个新的三维渗流模型。当然，Visual Modflow 模块也同时具备允许用户通过转化方式重新打开已经建立的 Modflow 或 FlowPath 模型的功能。前处理输入菜单把 Modflow、Modpath 和 MT 3D 的数据输入作为一个基本建模块，这些菜单以一定的逻辑顺序可视排列，引导用户逐步完成建模和数据输入工作。软件系统允许用户直接在计算机上定义和剖分模拟区域，用户可随意增减剖分网格和模拟层数，确定边界几何形态和边界性质，定义抽（排）水井的空间位置和出水层位以及非稳定抽排水量。参数菜单允许用户直接圈定各个水文地质参数的分区范围并赋值相应参数，同时上、下层所有参数可相互复制拷贝。用户在前处理模块中还可预先定义水位校正观测孔的具体空间位置和观测层位，并输入其观测数据，以便在后续的模型识别工作中校正使用。最后软件系统还为用户提供了文字、常用符号的标记功能。

2. 运行模块

Visual Modflow 运行模块允许用户修改 Modflow、Modpath 和 MT 3D 的各类参数与数值，包括初始估计值、各种计算方法的控制参数、激活疏干—饱水软件包和设计输出控制参数等，这些均已设计了缺省背景值，用户可根据自己模拟计算的需要，做适当的调整。Visual Modflow 允许用户可分别单独或共同执行水流模型（Modflow、流线示踪模型（Modpath）和溶质运移模型（MT 3D）。

3. 后处理模块

Visual Modflow 后处理模块允许用户以三种不同方式展示其模拟输出结果：

（1）在计算机屏幕上直接彩色立体显示所有的模拟输出结果；

（2）直接在各类打印机上输出各种模拟评价的成果表格和成果图件；

（3）将所有模拟结果以图形或文本的文件格式输出，输出图形包括可以标记出渗流速度矢量等的平面、剖面等值线图和平面、剖面示踪流线图以及局部区域水均衡图等一系列图件。

三、Visual Modflow 软件生成的主要数据文件

（1）Visual Modflow 从前处理开始一直到后处理结束，以数据文件的形式保存了所有输入、输出信息。所有输入信息生成的输入文件和一部分输出信息生成的输出文件均以 ASCn 格式储存，而另一部分输出信息生成的输出文件以二进制格式储存。

（2）一旦 Visual Modflow 模型被建立，就生成了若干 ASCII 输入文件，所有这些文件必须保存在同一个目录下。ModfloW 的主要输入文件包括 *.VMB（说明边界条件和模拟区域文件）、*.VMG（说明网格坐标和每个方向的网格线数目以及单元标高文件）、*.VMO（说明水位观测孔的位置和编号文件）、*.VMP（说明各个含水层水文地质参数文件）和 *.VMW（说明抽注水井空间位置和出水段标高以及水量文件主要的 Modpath 文件包括 *.VMA（说明示踪粒子有关信息的文件）；MT 3D 的主要输入文件包括 *.MAD（说明溶质运移的对流数据文件）、*.MDS（说明溶质运移的弥散数据文件）、*.MCH（说明溶质运移化学反应的数据文件）和 *.MSS（说明溶质源、汇项的数据文件）。

（3）在 Visual Modflow 模型运行之后，生成了若干最终结果的输出文件。它们中的一些文件是非常大的，个别甚至超过了 100M 字节，特别值得提到的是 BGT 文件。Modflow 的主要输出文件包括：*.HDS（说明等势线输出结果文件）、*.HVT（说明各个节点水头与时间关系的结果文件）、*.DDN（说明各个节点降深结果文件）和 *.DVT

（说明各个节点降深与时间关系结果文件）; Modpath 的主要输出文件包括：*.BGT（说明水均衡数据文件）、*.MPB（说明向后示踪信息文件）和 *.MPF（说明向前示踪信息文件）; MT 3D 的主要输出文件包括：*.UCN（说明浓度输出信息文件）和 *.MAS（说明溶质质量平衡的输出文件）。

四、Visual Modflow 软件在我国矿井防治水研究中的应用潜力

1. 水质点的示踪流线模拟

水质点的示踪流线模拟研究是 Visual Modflow 的主要功能之一。这个功能由专门设计模块 ModPath 予以实现，其基本原理是根据地下水稳定流数值模拟结果，计算出三维流线的空间分布状态和任意时间水质点的移动位置。水质点示踪可划分为向前和向后两种方法。

示踪流线图可以平面和剖面两种方式展示，故 Modpath 模块所显示的示踪流线是三维立体的。Visual Modflow 的这个流线示踪功能对于我国矿井防治水工作具有非常重要的实用价值，特别是向后示踪技术，它可以直接被运用于示踪矿井涌（突）水点的补给水源和补给通道，帮助现场工程技术人员准确判断突水水源和通道，及时分析和了解矿井充水条件，并可计算出从地下水补给区渗流至突水点所经历的时间。这种借助于 Modpath 所进行的矿井充水条件定量研究是对我国矿井充水条件长期以来处在定性分析阶段的一次革命，对现场及时处理矿井突水灾害事故和制定科学合理的防治水对策方案具有十分重要的意义，它必将大大提高我国矿井充水条件和防治水的整体研究水平。

2. 任意水均衡域的均衡研究

Visual Modflow 在矿井防治水工作中应用潜力较大的另一个重要功能就是任意水均衡域的均衡研究，Zone Budget 模块是被用于计算任意水均衡域均衡结果的专门模

块。用户可根据自己的实际研究需要，在模拟区域任意选定水均衡计算的均衡区段，启动 Zone Budget 模块，可方便地得到整个模型和所特殊选定均衡域的所有水均衡信息。这个功能可有力地帮助矿井防治水用户直接确定回采煤层顶、底板或侧向补给水源的补给方式和补给大小以及补给水源的水质情况等。

此外，Zone Budget 模块的另一个重要用途就是通过选定断裂构造所在均衡域的水均衡计算，从而达到预测矿区导水断裂构造可能诱发的突水事故的突水量大小之目的，这一点在矿区导水内边界的防治水工作中具有十分重要的实用价值。

3. 自动识别和判断疏排含水层的疏干—饱水状态和具体的分布范围研究

大降深、大流量疏排是矿井防治水技术的一项重要内容，在一些特定的矿井水文地质条件，强行疏排煤层顶、底板直接或间接充水含水层是唯一可选择的防治水手段。因此，自动识别和判断疏排含水层的疏干—饱水状态和具体的分布范围成为矿井涌水量模拟预测中必不可少的研究内容。Visual Modflow 恰好具有这个功能，它可方便地直接应用于煤层顶、底板充水含水层的疏排水量预测评价工作中。

4. 允许用户接受 GIS 的输出数据文件和各种图形文件

直接允许导入地理信息系统（GIS）的输出数据文件和图形文件是 Visual Modflow 在矿井涌水量预测中的另一个功能。这个功能对于充分发挥具有强大空间信息处理与分析功能的 GIS 技术在数值模拟评价中的作用意义重大，也为开发研制地下水三维数值模拟与 GIS 耦合评价模型奠定了坚实的基础。

参考文献

[1] 赵春永，党宇宁．大煤沟煤矿水文地质类型划分和水害防治浅析 [J]. 能源与节能 ,2022(12):40-42；66.

[2] 田垒，崔春林，王雁．煤矿地质工作与防治水工作的融合 [J]. 内蒙古煤炭经济 ,2021(5):196-197.

[3] 祁建伟．煤矿断层采区承压水防治技术研究 [J]. 山西化工 ,2022,42(5):103-106.

[4] 刘敏．煤矿水文地质特征与矿井水害防治技术质量分析 [J]. 中国石油和化工标准与质量 ,2022,42(16):114-116.

[5] 高建，孙扬．红柳煤矿煤层顶板水害防治技术研究与实践 [J]. 能源科技 ,2022,20(4):31-35.

[6] 周对对．大佛寺煤矿主要水害类型及防治工程实践 [J]. 陕西煤炭 ,2022,41(4):152-155；166.

[7] 赵继邓．煤矿开采后水文地质特征分析与水害防治技术研究 [J]. 西部探矿工程 ,2022,34(7):153-154.

[8] 闫宇．水文地质工作在煤矿防治水中的作用 [J]. 能源与节能 ,2022(5):222-224.

[9] 明广．望云煤矿水文地质分析 [J]. 能源与节能 ,2022(3):68-69.

[10] 李相海．浅谈苇子沟煤矿水文地质特征及防治措施 [J]. 煤矿现代化 ,2022,31(1):113-115.

[11] 闫宇．煤矿水文地质分析 [J]. 能源与节能 ,2021(12):39-40.

[12] 刘博．水文地质条件极复杂矿区水害模式及防治对策 [D]. 河北工程大学 ,2021.

[13] 闫小峡 . 水文地质工作对于煤矿防治水工作的作用 [J]. 能源与节能 ,2021(11):204-205.

[14] 常彩叶 . 浅谈中国煤矿水文地质类型划分与特征 [J]. 西部探矿工程 ,2021,33(11):132-133.

[15] 煤矿防治水关键技术研究与应用 [N]. 中煤地质报 ,2021-11-04(2).

[16] 亓增刚 , 来永伟 , 徐飞 , 等 . 棋盘井煤矿 V 盘区奥灰水文地质条件分析与评价 [J]. 煤炭与化工 ,2021,44(10):64-66；69.

[17] 李枫 . 煤矿防治水工作面临的困境及对策 [J]. 当代化工研究 ,2021(13):72-73.

[18] 王木胜 . 探析煤矿水文地质特征与矿井水害防治技术 [J]. 内蒙古煤炭经济 ,2021(12):187-188.

[19] 王建文 . 水文地质对煤矿防治水工作的重要性 [J]. 内蒙古煤炭经济 ,2021(8):209-210.